中1-2

JN048026

ここで差がつく！ ゴロ合わせで覚える 理科 100

著者 宮本 毅 アテナ進学ゼミ主宰（東京・吉祥寺の名門塾）

出演 小西克幸 声優

※この本には「**赤色チェックシート**」がついています。
※この本は小社より2021年に刊行された
『改訂版 中学受験 ここで差がつく！ ゴロ合わせで覚える理科100』の改訂第2版です。

KADOKAWA

は じ め に

　受験勉強には、学習のコツや暗記するポイントというものが存在します。生徒さんや保護者の皆さんや多くの塾の先生は、「入試によく出ること」が、「受験勉強のポイント」であると考えています。

　もちろん「入試によく出ること」は受験生ならば必ずマスターしておかなければなりませんし、出題されやすい内容はある程度パターンが決まっているため、そこを学習しておけば点数は取れるようになります。「入試によく出ること」を暗記していくことは、入試という土俵に上がるための必要条件であり、基本事項の習得なくして、志望校に合格することはありえないといっても過言ではないでしょう。

　しかし、一方で「入試によく出ること」は、受験生みんなが勉強してきます。そのため、そこだけを一生懸命勉強しても大きな差がつくことはあまりありません。むしろ、「みんなが苦手とすること」「覚えにくいためにみんなが敬遠すること」こそ、入試において最も差がつく問題なのです。逆に言うと「みんなが苦手とすること」を攻略しさえすれば、それが入試において有利にはたらき、グッと皆さんを合格に近づけることは間違いありません。「みんなが苦手とすること」こそ「受験勉強のポイント」なのです。

　ところが、世に出ている多くの参考書は、あまりに多くの情報が盛り込まれすぎていて、どこが重要なのかがわかりにくいつくりになっています。そのため、参考書は何かわからないことが発生したときにそれを調べるためにはよいのですが、暗記事項を整理したり、点差がつきやすい「みんなが苦手とするこ

と」を学習することにはあまり向いていません。皆さんだって分厚い参考書をただ読んでいるだけでは、なかなか暗記が進まないでしょう？

　そこで、本書では「入試で差がつく」ところにスポットライトを当て、「最低限コレだけは」という内容のみを掲載しました。もちろん「入試によく出ること」も網羅してありますので、暗記すべき内容はこれ一冊にすべてまとめてあります。

　また、理科ではなかなかなかった暗記のコツを、「語呂合わせ」を中心に示してありますので、覚えにくかった理科の細かい知識も学習しやすいようになっています。もちろん全ての知識を「語呂合わせ」で覚える必要はありません。どうしても覚えられない理科の知識だけ、本書の「ゴロ合わせ」を活用すればよいのです。

　さらに今回の第2版では、物理や化学分野の中の「計算単元」と呼ばれる項目についても網羅しました。つまり、理科の知識編だけではなく、理科全範囲をこれ一冊で学習できちゃいます！　さらに、音声ダウンロード特典や解き直しPDF特典も追加し、より楽しく・くり返し暗記ができるようになりました。すごい！

　この本で理科の暗記事項をしっかりマスターして、理科でライバルたちに「差」をつけ、合格をガッチリもぎ取りましょう！

宮本　毅

本書の特長とその使い方

このテーマで
覚える内容と
その「覚え方」。

学習のポイント!
この項目で特に
重要なポイント
をまとめた部分。

図で理解しよう!
重要ポイントを
さらに図で詳しく
解説。

入試「これだけは!」
入試頻出事項に
関しては特に出
題されやすいポイ
ントを図表で
解説。

関連事項を学んでおこう!
本項に関連する
重要事項もプラ
スアルファで解
説。

暗記のコツはコレだ!
最後に重点暗記
項目をまとめて
ある。
最終チェックに
使おう!

聞いて、書いて、くり返しインプット！
特典音声と解き直しPDFの
ダウンロード方法

> http://kdq.jp/gororika
>
> ユーザー名：gororika　　パスワード：x3vpwy-w

特典音声…声優・小西克幸さんの読み上げを聞いて楽しく暗記！

「**特典音声のダウンロードはこちら**」という一文をクリックして、ユーザー名とパスワードをご入力のうえ、ダウンロードし、ご利用ください。

特典解き直しPDF…空欄に書き入れて、定着度チェック！

「**特典PDFのダウンロードはこちら**」という一文をクリックして、ユーザー名とパスワードをご入力のうえ、ダウンロードし、ご利用ください。

※音声はmp3形式で保存されています。お聞きいただくにはmp3ファイルを再生できる環境が必要です。

※音声はパソコンでの再生を推奨します。一部のポータブルプレーヤーにデータを転送できない場合もございます。

※ダウンロードはパソコンからのみとなります。携帯電話・スマートフォンからはダウンロードできません。

※ダウンロードページへのアクセスがうまくいかない場合は、お使いのブラウザが最新であるかどうかご確認ください。また、ダウンロードする前にパソコンに十分な空き容量があることをご確認ください。

※フォルダは圧縮されています。解凍したうえでご利用ください。

※なお、本サービスは予告なく終了する場合がございます。あらかじめご了承ください。

もくじ

🌱 植物 ─────────────

🐰 動　物

🧍 人体

🐟 地層

🌤 気 象 ━━━━━━━━━━━━━━━━━━━━

🪐 天体

🧪 化 学 ───────

⚖ 物 理 ───────

本文デザイン：熊アート

雲の衛星写真および天気図提供：（一財）気象業務支援センター

イネ科のなかま　花びら0枚　風媒花

さむい地方は
サ サ　ム ギ　イ ネ　竹 (チク)
水稲さかん
ススキ　トウモロコシ　サトウキビ　カヤ

学習のポイント!

イネ科のなかま➡	ササ・ムギ・イネ・タケ・ススキ トウモロコシ・サトウキビ・カヤ ヒエ・アワ・エノコログサ
被子植物	胚珠が子房に包まれている植物。
有胚乳種子	胚乳に栄養をたくわえる種子。
単子葉類	発芽の時に子葉が1枚だけの植物。
風媒花	花粉が風に運ばれる植物。 風媒花は花びらを持たないことが多い。

図で理解しよう!

イネの花

おしべ
やく (花粉袋)
えい
柱頭
子房 } めしべ

イネの発芽

子葉 (1枚)
えい (もみがら)
根

14

入試「これだけは！」

　トウモロコシの花は、「お花(オスの花)」と「め花(メスの花)」に分かれて咲く。入試でもねらわれやすいのでしっかり覚えよう！

暗記のコツはコレだ！

★**イネ科**の植物は花びらがないことが多い**風媒花**である。
　風媒花には、他に「**マツ**」「**スギ**」のなかまがある。
★葉が細長い**単子葉類**である。
★イネ科のなかまには「**穀物**」と呼ばれる草本が多い。
★**トウモロコシ**のようにお花・め花に分かれて咲くものもある。
★種子は**胚乳**に栄養をたくわえる(**有胚乳種子**)。
★イネの花には花びらの代わりに「**えい**」がある。

ヒガンバナ科のなかま　ユリ科のなかま　**虫媒花**（ちゅうばい か）

たまにねアスパラ
タマネギ　ニラ　ニンニク　ネギ　アスパラ

冷やすとうまい
ヒヤシンス　スズラン

学習のポイント！

ヒガンバナ科のなかま➡	**タマネギ**・ニラ・ニンニク・**ネギ**
ユリ科のなかま➡	アスパラ・ヒヤシンス・スズラン **チューリップ**・ラッキョウ
被子植物（ひ し しょくぶつ）	胚珠（はいしゅ）が**子房**（し ぼう）に包まれている植物。
単子葉類	発芽の時に**子葉**が**1枚**だけの植物。
虫媒花（ちゅうばい か）	**花粉**が**虫**によって運ばれる植物。**カラフル**で、**におい**を放つものが多い。

図で理解しよう！

ネギの花（ネギボウズ）

タマネギの断面図

たてに
切った時

横に
切った時

🎨 関連事項を学んでおこう！

　食用にする部位は植物によって違う！　入試でもよく出るので覚えておこう！

葉を食用にしている植物

ハクサイ
アブラナ科

キャベツ
アブラナ科

ネギ
ヒガンバナ科

タマネギ
ヒガンバナ科

レタス
キク科

ホウレンソウ
ヒユ科

※**タマネギ**は球根のように見えるけど、実は**葉を食べている**んだ！

※**カイワレ**は**ダイコン**の子葉と胚軸なのだ！

暗記のコツはコレだ！

★ユリ科の植物は**球根**をつくるなかまが多い。

★葉が細長い**単子葉類**である。

★**チューリップ**の花は、外側の**がく**が花びらのように変わっている。

★**タマネギ**は、鱗茎という**葉を食用**にしている。

★アヤメやヒガンバナは、ユリ科の親せきである。

アブラナ科のなかま　花びら4枚　がく4枚　虫媒花

アナタハカブキ

アブラナ　ダイコン　　カブ　　キャベツ
ナズナ　　ハクサイ　　ブロッコリー

ワカル？（外国人風に）

ワサビ　カリフラワー　カラシナ

学習のポイント！

アブラナ科のなかま➡	アブラナ・ナズナ・ダイコン ハクサイ・カブ・ブロッコリー キャベツ・ワサビ・カリフラワー カラシナ・コマツナ ※「野菜」と呼ばれる植物が多い。
被子植物	胚珠が子房に包まれている植物。
無胚乳種子	子葉に栄養をたくわえる種子。
双子葉類	発芽の時に子葉が2枚出る植物。
虫媒花	花粉が虫によって運ばれる植物。
完全花	1つの花の中に「おしべ」「めしべ」 「花びら」「がく」が全てそろっている。
花の特徴	花びらは4枚あり「十字花」と呼ばれる。 黄色の花が咲くものが多い。 花は下から順に咲いていく。 おしべは4本が長く2本が短い。
実の特徴	実が下からでき、種から油がとれる。
ロゼット葉	葉を地面に広げて冬越しをする。

アブラナの花は入試でもとてもよくねらわれる。図でしっかり理解しよう!

めしべ

柱頭

やく
(花粉袋)

花びら
(4枚)

おしべ

子房(実になる)

がく(4枚)

みつせん
(4つ)

胚珠(種子になる)

めしべ

おしべ　子房

種

花びら4枚
がく4枚

(長4本・短2本)

実

暗記のコツはコレだ!

★花びら・がくが4枚ずつあり「十字」になっている。

★花は下から順に咲き、実も下からできる。

★1つの花に花びら・がく・おしべ・めしべが全て
そろっている「完全花」である。

★おしべは長いものが4本、短いものが2本ある。

★アブラナの種からは「なたね油」がとれる。

★葉を地面に広げた「ロゼット葉」で冬を越す。

キク科のなかま　花びら5枚（まい）　合弁花（ごうべんか）

晴れた日に

ハルジオン　レタス　タンポポ　ヒマワリ

ゴキブリよく出る

ゴボウ　キク　ブタクサ　ヨモギ　ダリア

学習のポイント！

キク科のなかま➡	ハルジオン・**レタス**・**タンポポ** **ヒマワリ**・**ゴボウ**・**キク**・**ブタクサ** **ヨモギ**・ダリア・コスモス・**オナモミ**
合弁花（ごうべんか）	５枚の花びらが１枚にくっついている。
集合花（しゅうごうか）	多くの花が集まり、１つの花に見える。
無胚乳種子（むはいにゅうしゅし）	**子葉**に栄養をたくわえる種子。
ロゼット葉	葉を地面に広げて冬越し（ごし）をする。

図で理解しよう！

セイヨウタンポポ

総苞片（そうほうへん）が反りかえっている
＝花粉が遠くまで飛びやすい

カントウタンポポ

総苞片が反りかえっていない
＝花がすぼまっているため、
　花粉が遠くまで飛びにくい

タンポポの花はとても特徴的だ！　入試にもよく出されるのでしっかり確認しておこう！

めしべ

おしべ
（5本）

がく

花びら
（5枚）

がくが変化した
綿毛（冠毛）
風で運ばれる

子房（実になる）

花は夜になると
閉じる

花が咲いて
いる時

花がしおれると
茎が寝てしまう

綿毛になって種を
飛ばす時、茎が高く
伸びる

暗記のコツはコレだ！

★キク科の植物は花がたくさん集まって1つの花に
　見える**集合花**である。

★**5枚**の花びらがくっついている**合弁花**である。

★花の下にはがくのように見える**総苞片**がある。

★セイヨウタンポポは**カントウタンポポ**にくらべて、
　総苞片が反りかえっているため花粉が飛びやすい。

★葉を地面に広げた「**ロゼット葉**」で冬を越す。

ヒルガオ科のなかま　花びら5枚　合弁花

朝・昼・夜に
アサガオ　ヒルガオ　　ヨルガオ

サツマイモ
サツマイモ

学習のポイント！

ヒルガオ科のなかま➡	アサガオ・ヒルガオ ヨルガオ・**サツマイモ** ※ユウガオは**ウリ科**
合弁花	花びらが**ラッパ状**にくっついている。
無胚乳種子	**子葉**に栄養をたくわえる種子。
完全花	1つの花の中に「**おしべ**」「**めしべ**」 「**花びら**」「**がく**」が全てそろっている。
自家受粉	花が開く時、1つの花の中でおしべと めしべがくっつき**自動的に受粉**する。

図で理解しよう！

アサガオの花

花びら
（ラッパ状）

おしべ
（5本）

めしべ

がく

子房（実になる）

入試「これだけは！」

アサガオは「花」以外にも「芽生え」「本葉のかたち」「つるの巻き方」「つぼみの巻き方」「種のかたち」など、いろいろな様子が入試でねらわれるから注意が必要だぞ！

アサガオの**子葉**

アサガオの**本葉**

アサガオのつぼみ　　アサガオのつる　　アサガオの実と種子

実

種子

種子は半月状
下剤になる

上から見て
右回り
（時計回り）

上から見て
左回り
（反時計回り）

暗記のコツはコレだ！

★花は<u>ラッパ状</u>にくっついている<u>合弁花</u>である。

★アサガオは<u>自家受粉</u>をする。

★アサガオの**つぼみは右巻き**、**つるは左巻き**である。

★本葉は先が３つにさけている特徴的なかたちである。

★アサガオは**夏**に花が咲く代表的な植物（季語は<u>秋</u>）。

★<u>ユウガオ</u>は<u>ウリ科</u>の植物（間違えやすいので注意！）。

ウリ科のなかま　花びら5枚　合弁花

胡瓜　西瓜　南瓜
キュウリ　　スイカ　　カボチャ

糸瓜　甜瓜　苦瓜　瓢箪
ヘチマ　　　メロン　　ゴーヤ(にがうり)　ヒョウタン

学習のポイント！

ウリ科のなかま➡	キュウリ・スイカ・カボチャ・ヘチマ メロン・ゴーヤ・ヒョウタン・ユウガオ
合弁花	5枚の花びらが根元でくっついている。
無胚乳種子	子葉に栄養をたくわえる種子。
単性花	「お花」と「め花」に分かれて咲く。

入試「これだけは！」

ウリ科のめ花　　　　　　　　　　ウリ科のお花

めしべ

おしべ

花びらが根もとで
くっついている

子房がふくらんでいる

ナス科のなかま　花びら5枚　合弁花

トウバンジャンで

トマト　トウガラシ　タバコ　ジャガイモ

マーボナス

ホオズキ　ナス

学習のポイント！

ナス科のなかま➡	トマト・トウガラシ・タバコ・ピーマン ジャガイモ・ホオズキ・ナス・パプリカ
双子葉類	発芽の時に子葉が2枚出る植物。
虫媒花	花粉が虫によって運ばれる植物。
合弁花	花びらは5枚あり、さかずき状にくっついている。

入試「これだけは！」

ジャガイモの発芽

ジャガイモの芽と根は
くぼみの同じところ
から出る

ジャガイモの
デンプンには
うずまき模様
が見られる

サツマイモ（ヒルガオ科）の発芽

サツマイモの芽は
いもが茎について
いた方から出る

根は芽とは
反対側から
出る

バラ科のなかま　花びら5枚（まい）　離弁花（りべんか）

ウメモモサクライチゴ春
秋冬おいしいナシリンゴ
ドライフルーツビワアンズ

チョコでおいしいアーモンド　赤い実つけるよナナカマド

学習のポイント！

バラ科のなかま➡	<u>ウメ</u>・<u>モモ</u>・<u>サクラ</u>・<u>イチゴ</u>・<u>ナシ</u> <u>リンゴ</u>・ビワ・アンズ・アーモンド ナナカマド・ヤマブキ・サンザシ ※「果物（くだもの）」と呼ばれる植物が多い。
離弁花（りべんか）	花びらが1枚1枚（まい）**離れている**。
完全花	1つの花の中に「**おしべ**」「**めしべ**」 「**花びら**」「**がく**」が全てそろっている。
花の特徴（とくちょう）	花びらは通常（つうじょう）**5枚**で、**おしべは多数**。

図で理解しよう！

サクラの芽

丸い方が花芽（か　が）
（先に咲く）

細長い方が葉芽（よう　が）
（花が咲いた後に開く）

入試「これだけは!」

実(果実)を食用にしている植物

カボチャ
ウリ科

トマト
ナス科

ピーマン
ナス科

キュウリ
ウリ科

ミカン
ミカン科

モモ
バラ科

ウメ
バラ科

ビワ
バラ科

ブドウ
ブドウ科

バナナ
バショウ科

※リンゴ・ナシ・イチゴなどは「花たく」という部分が変化して果実になるのだ!

暗記のコツはコレだ!

★バラ科の植物は果実を食べる「果物」が多い。

★バラ科はおしべが多数あるのが特徴である。

★バラはがくも花びらのように変化しているため、花びらがたくさん(10枚)あるように見える。

★サクラの芽には「花芽」と「葉芽」の2種類ある。花芽が開いてから葉が開くものが多い。

マメな

大豆（ダイズ）　小豆（アズキ）　ソラ豆　エンドウ

姉は白い服

アカシア　ネムノキ　ハギ　シロツメクサ　インゲン　フジ　クズ

学習のポイント！

マメ科のなかま➡	**ダイズ**・**アズキ**・ソラマメ・**エンドウ** アカシア・ネムノキ・**ハギ**・インゲン **シロツメクサ**（クローバー）・**フジ**・**クズ**
無胚乳種子（むはいにゅうしゅし）	子葉（しよう）に栄養をたくわえる種子。
離弁花（りべんか）	花びらが1枚1枚**離れている**。
完全花	1つの花の中に「**おしべ**」「**めしべ**」 「**花びら**」「**がく**」が全てそろっている。
花の特徴（とくちょう）	花びらは通常（つうじょう）**5枚**で、おしべは**10本**。

図で理解しよう！

エンドウの花

花びら
5枚

おしべ10本
長いのが9本
くっついている

めしべ

入試「これだけは！」

ダイズの種子は様々な食品に加工されている。入試でもよく出題されるのでしっかり確認しておこう！

味噌
みそ

豆腐
とうふ

豆乳
とうにゅう
豆乳

おから

しょうゆ

ダイズ

納豆
なっとう
納豆
（発酵させたダイズ）

きな粉

エダマメ
（ダイズの青い実）

暗記のコツはコレだ！

★マメ科の植物は大きい<u>子葉に栄養</u>を蓄える<u>無胚乳種子</u>である。

★<u>ダイズ</u>や<u>インゲンマメ</u>は発芽の時に<u>子葉が地上に出る</u>。

★<u>アズキ・エンドウ・ソラマメ</u>は発芽の時に<u>子葉が地中に残り</u>、地上に出ない。

★<u>花びらは5枚</u>で1枚1枚が離れている<u>離弁花</u>である。

★1つの花に<u>花びら・がく・おしべ・めしべ</u>が全てそろっている「<u>完全花</u>」である。

★<u>エンドウ</u>はイネやタンポポと同様に<u>自家受粉</u>をする。

★<u>茎</u>は<u>つる性</u>で他の植物に巻きついて成長する。

マツ・スギのなかま　花びら0枚　風媒花　針葉樹

針葉樹の葉は

針葉樹は葉がまっすぐで細長い

まっすぐです

マツ　　　スギ

学習のポイント！

マツのなかま➡	アカマツ・モミ・ヒマラヤスギ
ヒノキのなかま➡	ヒノキ・スギ・ヒバ・アスナロ
裸子植物	**胚珠**が子房に包まれていない植物。
多子葉類	発芽の時に**子葉**が多数出る植物。
風媒花	花粉が風に運ばれる植物。 風媒花は花びらを持たないことが多い。

図で理解しよう！

お花・め花に分かれて咲くのは裸子植物の特徴

新芽

まつかさ

りん片

め花の集まり

胚珠

受粉

花粉

種子

お花

りん片

やく（花粉袋）

前年のまつかさ

胚珠がむき出しになっている

空気袋があり風によって運ばれやすい

植物
11
胞子でふえる植物

全員で笑いすぎて

ゼンマイ　ワラビ　スギナ(ツクシ)

こけそう

コケ類(ゼニゴケ・スギゴケ)　ソウ類(ワカメ・アオノリ)

学習のポイント！

胞 子	花を咲かせない植物の新しいからだをつくるもと。一般に種子とは区別される。
シダ植物	葉はたくさんの小葉に分かれ、茎は地下にある。根はひげ根で地下茎から生える。 ゼンマイ・ワラビ・**スギナ**(ツクシ)
コケ類	**根・茎・葉の区別がない。** ゼニゴケ・スギゴケ・リトマスゴケ
ソウ類	水中で生活する。 コンブ・ワカメ・アオノリ・ミカヅキモ
菌 類	キノコ類・カビなど。**光合成**はしない。

図で理解しよう！

胞子の入った袋の集まり

葉

小葉

地下茎　ひげ根

胞子

胞子の入った袋は乾燥するとはじける

ええ花開いたら
エンドウ　アサガオ　イネ　タンポポ

自家受粉
1つの花の中で受粉をおこなう

学習のポイント！

自家受粉する植物➡	エンドウ・アサガオ・イネ・タンポポ
自家受粉	花粉が同じ花のめしべの柱頭につき、1つの花の中で受粉が完了すること。
他家受粉	花粉が同じ種類の別の花の柱頭につき、受粉がおこなわれること。

図で理解しよう！

アサガオの受粉

受粉しない

おしべを取る

袋をかぶせる

実ができない

そのまま袋をかぶせる

（自家受粉）

実ができる

表にまとめよう！

花粉の運ばれ方

花粉の運ばれ方にはいろいろなパターンがある。
表にまとめたのでしっかり覚えよう！

	虫媒花 （虫が運ぶ）	風媒花 （風が運ぶ）
花の 特徴	花びらがある においやみつがある	花びらがないことが多い
花粉の 特徴	毛やとげがある ねばりけがある	軽くて飛びやすい 量が多い
代表例	アブラナ・ヒマワリ アサガオ・ヘチマ バラ・チューリップ	イネ・ムギ・ササ トウモロコシ・ススキ スギ・マツ・イチョウ

この他に水媒花（クロモ・イバラモなどの水生植物）、
鳥媒花（ツバキ・ウメなど）がある。

暗記のコツはコレだ！

★アサガオ・イネ・タンポポなどは自家受粉をする。

★あらかじめおしべを取り去った花に袋をかぶせると、
受粉がおこなわれず、実をつくらない。

★自家受粉をする植物は他家受粉をおこなうこともある。

★虫が花粉を運ぶ植物を「虫媒花」という。

★虫媒花の花はカラフルでみつやにおいを持つものが多い。

★風媒花の花粉は空気中を大量に舞い、「花粉症」を引き
起こすものがある。

★風媒花の花には花びらがないことが多い。

くり松君と
クリ　　　マツ

加藤君
カキ　トウモロコシ　ウリ科の植物

学習のポイント！

お花・め花に分かれて咲く植物 ➡	**クリ**・**マツ**・**カキ**・**トウモロコシ** **ウリ科**の植物（ヘチマ・カボチャなど）
単性花 （たん せい か）	おしべだけを持つ「**お花**」と、めしべだけを持つ「**め花**」に分かれて咲く。

図で理解しよう！

トウモロコシの花

> トウモロコシは <u>お花</u>が上についていて <u>め花</u>は葉のつけ根にある

お花
花粉を落とす

め花
受粉して
実をつける

暗記のコツはコレだ！

★め花のめしべの根もとには**子房**（し ぼう）というふくらみがあり、受粉後ここがふくらんで**果実**（か じつ）となる。

★**ウリ科**の植物や**トウモロコシ**などは、1つの株（かぶ）に「お花」と「め花」を咲かせる**雌雄同株**（し ゆう どう しゅ）の植物である。

植物 14

お株(オスの木)・め株(メスの木)に分かれる植物

朝のきそ練
アサ　キウイ　ソテツ

いややなあ
イチョウ　ヤナギ　ヤマノイモ　アオキ

学習のポイント！

| お株(オスの木)と
め株(メスの木)に
分かれる植物 | ➡ | アサ・キウイ・**ソテツ**・**イチョウ**
ヤナギ・ヤマノイモ・アオキ |

図で理解しよう！

イチョウのお花

おしべの
やく

イチョウのめ花

胚珠

暗記のコツはコレだ！

★裸子植物のうち**イチョウ**や**ソテツ**はオスの木とメスの
　木に分かれる。

★同じ裸子植物でも、**マツ・スギ**は１つの木の中に
　「お花」と「め花」を咲かせる**雌雄同株**の植物である。

梅雨の朝10時ねむい

ツユクサ　アヤメ　ササ　トウモロコシ　ネギ　ムギ　イネ

ユリちゃんにチュースキスキ

ユリ　　　　　　　　チューリップ　ススキ

学習のポイント！

<ruby>単子葉類<rt>たんしようるい</rt></ruby>のなかま➡	ツユクサ・アヤメ・ササ・トウモロコシ ネギ・ムギ・イネ・ユリ・チューリップ ススキ
単子葉類	発芽の時に、**子葉**が**1枚**しか出ない。
<ruby>双子葉類<rt>そうしようるい</rt></ruby>	発芽の時に、**子葉**が**2枚**出る植物。
多子葉類	発芽の時に、**子葉**が**多数**出る植物。

図で理解しよう！

トウモロコシ（単子葉類）の芽生え　　ホウセンカ（双子葉類）の芽生え

子葉
（1枚）　　　　←本葉

子葉
（2枚）

ダイコン（双子葉類）の芽生え

入試「これだけは！」

単子葉類と双子葉類の特徴は、特に出題頻度の高い項目だ！まとめて覚えておこう！

単子葉類

芽生え
（子葉１枚）

ひげ根

双子葉類

芽生え
（子葉２枚）

主根

側根

主根と側根

師管（外側）　道管（内側）

平行脈

道管（内側）

形成層　師管（外側）

網状脈

暗記のコツはコレだ！

★**イネ科**（イネ・ムギ・トウモロコシ）と**ユリ科**（ユリ・チューリップ）と**ヒガンバナ科**（ネギ）は**単子葉類**である。

★**単子葉類**の根は「**ひげ根**」、葉の**葉脈**は「**平行脈**」である。

★**双子葉類**の根は「**主根**」と「**側根**」に分かれ、葉の**葉脈**は網目状の「**網状脈**」、茎には「**形成層**」がある。

★茎では「**師管**」は**外側**、「**道管**」は**内側**を通っている。

★**多子葉類**は**イチョウ・スギ・ソテツ・マツ**である。

多子葉類
（たししょうるい）

使用が多いと
子葉が多い

イスそまつ
イチョウ スギ ソテツ マツ

学習のポイント！

多子葉類のなかま➡	イチョウ・スギ・ソテツ・マツ
多子葉類	進化の過程が古いものが多い。 イチョウやソテツはお花だけを持つお株と、 め花だけを持つめ株に分かれている。

図で理解しよう！

子葉が
たくさんある

マツの芽生え

暗記のコツはコレだ！

★スギのなかまは風媒花（ふうばいか）のため、花粉が舞うので
「花粉症（かふんしょう）」の原因となる。

★裸子植物（らししょくぶつ）の発芽は子葉がたくさんある多子葉類で
ある。

★マツはお花・め花に分かれて咲く植物である。

★イチョウやソテツはお株・め株に分かれて咲く。

植物 17

子葉が地上に出ない植物

あ！ この子葉
アズキ
食えそうでない？

クリ　エンドウ　ソラマメ　子葉が出ない

学習のポイント！

子葉が地上に 出ない植物 ➡	**アズキ**・クリ・**エンドウ**・**ソラマメ**
子葉が地上に 出る植物 ➡	**ダイズ**・**インゲンマメ**とその他の植物

図で理解しよう！

エンドウの芽生え　　クリの芽生え　　インゲンマメの芽生え

本葉

子葉

本葉

子葉

暗記のコツはコレだ！

★植物の多くは子葉が地上に出るが、マメ科の一部
（**アズキ**・**エンドウ**・**ソラマメ**）と**ブナ**科（クリ・カシ）
は**地中に子葉を残す**。

無胚乳種子

へたっぴあくま

ヘチマ　ダイコン　ヒマワリ　アサガオ　クリ　マメ

終始無敗

種子　　　　無胚乳

学習のポイント！

有胚乳種子	胚乳部分に発芽のための栄養を蓄える種子のこと。
無胚乳種子	胚乳部分を持たず、子葉に栄養を蓄えている種子のこと。ヘチマ（ウリ科）・ダイコン（アブラナ科）・ヒマワリ（キク科）・アサガオ（ヒルガオ科）・クリ（ブナ科）・マメ科などがある。

図で理解しよう！

有胚乳種子

胚乳

子葉…地上に最初に出る葉

胚軸…将来、茎になる

胚

幼根…将来、根になる

種皮

無胚乳種子

子葉

幼芽

胚軸

幼根

胚

種皮

入試「これだけは！」

種子に蓄えられている栄養

・<u>デンプン</u>を多く蓄えている種子
　……イネ・トウモロコシ・インゲンマメ

・<u>タンパク質</u>を多く蓄えている植物
　……ダイズ・ソバ・ムギ・ソラマメ

・<u>脂肪</u>（しぼう）を多く蓄えている植物
　……ゴマ・オリーブ・アブラナ・ヒマワリ・ラッカセイ

関連事項を学んでおこう！

植物の発芽条件

　植物が発芽するには、<u>水・空気（酸素）・適度な温度</u>（てきど）の３つの条件（じょうけん）が必要である。３つの条件がそろうと種子から子葉と根が出てくる。

植物の成長条件

　植物が発芽後、成長していくためには、上記３つの条件に加えて、<u>日光・肥料</u>（ひりょう）が必要となる。５つの条件がそろっていないと、成長が悪かったり枯（か）れたりしてしまう。

暗記のコツはコレだ！

★<u>胚乳</u>を持ち、栄養を胚乳に蓄えている種子を<u>有胚乳種子</u>という。

★<u>胚乳</u>を持たず、栄養を<u>子葉</u>に蓄えている種子を<u>無胚乳種子</u>といい、<u>ヘチマ・ダイコン・ヒマワリ・アサガオ・クリ・マメ</u>などがある。

★植物の発芽条件は<u>水・酸素・適温</u>の３つ

★植物の成長条件は<u>水・酸素・適温・日光・肥料</u>の５つ

ロゼット葉で冬越しをする植物

アナタハ

アザミ　ナズナ　タンポポ　ハルジオン

イイ オバサマ

イチゴ　オオバコ　　　　マツヨイグサ

学習のポイント！

ロゼット葉で冬越しをする植物➡	アザミ・**ナズナ**・**タンポポ**・**ハルジオン**・**イチゴ**・**オオバコ**・**マツヨイグサ**

※**ヒメジョオン**はキク科の一年草だが、冬越しをする越年草なので、ロゼット葉になる。

ロゼット葉	地面に平たく広がった葉のこと。ロゼット葉をもつ植物は、野原のような広い場所で生育するのが特徴。

図で理解しよう！

タンポポの花

ロゼット葉

地上の茎が短く茎の途中に葉が見られないことが多い

葉は地表に放射状に広がる

関連事項を学んでおこう！

季節ごとの花

どんな花がいつの季節に咲いているかは入試でも時々ねらわれる。注意しよう！

レンゲソウ　**カタクリ**　　**ツユクサ**　**ホウセンカ**

サクラ・アブラナ・ナズナ

タンポポ・ハルジオン

チューリップ

アサガオ・オオバコ

ヒマワリ・アジサイ

ダリア・マツバボタン

春　夏
秋　冬

ヒガンバナ　**キンモクセイ**　　**ヤツデ**　　**サザンカ**

ススキ・コスモス・キク

ハギ・キキョウ

冬の花はこの2つ

だけ暗記しよう！

サザンカはツバキ科

暗記のコツはコレだ！

★キク科の越年草（えつねんそう）の多くはロゼット葉で冬越しをする。

★ハルジオンはロゼット葉で冬を越す。ヒメジョオンは一年草だが冬越しをする越年草なので、ロゼット葉になる。

★ロゼット葉は放射状（ほうしゃじょう）に地面にはりつかせた葉のこと。

★冬に花を咲かせる植物として、**ヤツデ**と**サザンカ**だけを暗記する。

セリ ナズナ ゴギョウ ハコベラ ホトケノザ スズナ スズシロ、春の七草

学習のポイント!

春の七草	セリ・ナズナ・ゴギョウ ハコベラ・ホトケノザ（タビラコ） スズナ（カブ）・スズシロ（ダイコン） 七草がゆというおかゆにして食べる。

図で理解しよう!

スズナ
（カブ）

スズシロ
（ダイコン）

暗記のコツはコレだ!

★ナズナ・カブ・ダイコンはアブラナ科である。

★ナズナはペンペン草とも呼ばれる。

44

植物 21 秋の七草

ハスキーな
ハギ　ススキ　キキョウ　ナデシコ

クフ王
クズ　フジバカマ　オミナエシ

学習のポイント！

秋の七草	ハギ・ススキ・キキョウ・ナデシコ クズ・フジバカマ・オミナエシ 山上憶良が詠んだ和歌から、秋の観賞用 植物を「秋の七草」と呼ぶようになった。

図で理解しよう！

ハギ

クズ

暗記のコツはコレだ！

★ハギが咲く頃に食べるあんころもちを**おハギ**という
（同じものを春には「**ボタもち**(牡丹もち)」という）。

★「**クズもち**」はクズの根からとった**デンプン**でつくる。

陰生植物・陰樹

陰から

陰生植物

あやしいヤツかしら？

アオキ　ヤブラン　シイ　ヤツデ　カシ

学習のポイント！

陰生植物	光があまり当たらないところでもよく育つ植物（陰樹）。 **アオキ・ヤブラン・シイ・ヤツデ・カシ**
陽生植物	日光がよく当たるところでないとよく育たない植物（陽樹）。 **ススキ・タンポポ・クヌギ・アカマツ**

関連事項を学んでおこう！

光の量と光合成

陰生植物の方が暗いところでも生育できる

陽生植物は明るいところでないと育たないが、明るいところでの光合成量の増加が大きい

🔊 図で理解しよう！

一本立ちの木と森林の木の葉のつき方の違い

森林のはしは
光が当たるため
葉はよくしげる

一本立ちのスギ
光がまんべんなく当たる
ので全体に葉をつける

森林の中のスギ
森林内は暗いため
葉をほとんどつけない

📝 入試「これだけは！」

森林は次のようなプロセスを経て変化していく。

| 一年草の草原 | 多年草の草原 | 陽樹の幼木 | 陽樹 | 陽樹＋陰樹の幼木 | 陰樹（極相） |

暗記のコツはコレだ！

★<u>陰生植物</u>は光の量が少ないところでも育つことが
　できるため、森林の<u>極相</u>になりやすい。

★森林の中は<u>光が当たらない</u>ので、樹木は葉をあまり
　つけない（<u>大きな空間ができる</u>）。

常緑樹（緑色の葉をつけて冬を越す植物）

クマのヤツ
クスノキ　マツ　ヤツデ　ツバキ

サーカスに出る
サザンカ　カシ　スギ

学習のポイント！

常緑樹 じょうりょくじゅ	冬でも緑色の葉をつけている樹木。 **クス・マツ・ヤツデ・ツバキ・サザンカ** **カシ・スギ・ヒノキ**
落葉樹 らくようじゅ	冬になると全ての葉を落とす樹木。 葉が黄色や赤に変化するものが多い。
黄葉する樹木 こうよう	**イチョウ・ポプラ・ケヤキ**
紅葉する樹木 こうよう	**サクラ・カエデ**（モミジ）・**ツタ**

図で理解しよう！

冬芽で冬越し　　　地下の根で冬越し　　地下の茎（地下茎）で
とうが　ふゆご　　　　　　　　　　　　　　　　　　　冬越し

丸い方が
花芽→

←細長い方が
葉芽

サクラの冬芽
サクラ・コナラ
モクレン

サツマイモ・
ダリア

ハス・ジャガイモ・
サトイモ

高校生の兄さん

光合成は二酸化炭素(炭酸ガス)と

水が光ってええやん!賛成

水を吸収し光エネルギーを使って栄養をつくり酸素を放出

学習のポイント！

呼吸	栄養と酸素から生きるための生命エネルギーをつくるはたらきのこと。その結果できた二酸化炭素と水は気孔から排出される。
光合成	光エネルギーを利用して、二酸化炭素と水からデンプンなどの養分と酸素をつくるはたらきのこと。植物の葉緑体でおこなわれる。

図で理解しよう！ 　光合成に必要なものを調べる実験

ふの部分
C
二酸化炭素を
とりのぞく
A
アルミはく
B
二酸化炭素で
満たす

ヨウ素液に
つける

A　B　C

ヨウ素反応により
青紫色に変色

A：二酸化炭素がないのでデンプンができず、ヨウ素液につけても青紫色にならない
B：光合成によりデンプンができる
C：ふの部分には葉緑体がないので光合成は起こらない。アルミはくをかぶせると日光が当たらないので光合成は起こらない

お嬢さん今日は気候が

蒸散(じょうさん)は気孔(きこう)から

うららかですね

気孔は葉の裏(うら)側に多い

学習のポイント！

蒸　散	葉や茎（くき）から水蒸気（すいじょうき）を放出する作用。 ① **体内の水分量を調節**するはたらき ② 根からの水分吸収量（きゅうしゅうりょう）を調節するはたらき ③ 植物の**体温調節**（たいおんちょうせつ）のはたらき 気温が高く空気が乾燥（かんそう）している時に さかんにおこなわれる。 気孔（きこう）の数は　葉の**裏**>葉の**表**>茎

図で理解しよう！

核（かく）
気孔
孔辺細胞（こうへん）

水滴（すいてき）がつき
くもる
水滴の色は
無色

ビニール袋を
かぶせる

赤く色を
つけた水

入試「これだけは！」

蒸散の計算問題はよく出題されるので、しっかり確認しておこう！

A	B	C	D
何もしない	葉の表側にワセリンをぬる	葉の裏側にワセリンをぬる	葉をとる
葉の裏・表、茎から蒸散	葉の裏、茎から蒸散	葉の表、茎から蒸散	茎だけから蒸散

←油
←水

葉の裏からの蒸散量＝A－C　または　B－D
葉の表からの蒸散量＝A－B　または　C－D

暗記のコツはコレだ！

★体内の水分量調節や体温調節のためにも蒸散をおこなう。

★葉の表面には気孔と呼ばれる穴があいている。

★蒸散量は葉の裏側が最も多く、次いで葉の表側、茎という順に少なくなっていく。

★蒸散の実験で葉の表面にワセリンをぬるのは、そこからの蒸散をおさえるため（記述問題がよく出る！）。

★蒸散の実験で水面に油を浮かべるのは、水面からの自然蒸発を防ぐため（記述問題がよく出る！）。

羽が4枚ではない昆虫のなかま

羽が２枚でカーブがはえ〜！

羽が２枚　カ　アブ　ハエ

羽がないアリのなみだしみる…

羽がない　アリ　ノミ　シミ

学習のポイント！

羽が２枚だけの昆虫➡	ハエ・アブ・カ
羽を持たない昆虫　➡	はたらきアリ・ノミ・シミ

※昆虫の通常の羽の枚数は4枚

図で理解しよう！

触角（２本）
においを感じる

頭

胸

羽（４枚）

足（６本）
節がある

腹

腹には気門があり
ここで空気を出し入れする

〰〰〰 関連事項を学んでおこう!

昆虫の口のかたち

― かむ口 ―

生きた虫をかむ

カマキリ　　トンボ

― すう口 ―

樹液を
すう

花の
みつを
すう

セミ　　チョウ

草をかむ

バッタ

樹液をなめる

カブトムシ

養分をなめ
とる

ハエ

― なめる口 ―

メスは血を
オスは草の汁を
すう

カ

昆虫の足のかたち

とび
はねる

虫を
つかまえる

水中を
泳ぐ

木に
よじ登る

土をほる

バッタ　　カマキリ　　ゲンゴロウ　　カブトムシ　　セミの幼虫

暗記のコツはコレだ!

★昆虫のからだは「頭」「胸」「腹」に分かれる。

★足6本と羽は「胸」についている。

★はたらきアリはメスのみで、羽がない。

★シミ・トビムシは幼虫・成虫の区別がない無変態である。

★アリ・ノミはさなぎの時期を持つ完全変態である。

さなぎの時期がある昆虫(完全変態)

アリの母カブ見ず飲み会で転倒

アリ　　　　カブトムシ　　　ノミ　　　テントウムシ

ハチハエ　　ミズスマシ　　　　カイコガ

超あぶないから完全に変態！

チョウ　アブ　カ（ガ）　　完全変態

学習のポイント！

かんぜんへんたい 完全変態	さなぎの時期がある昆虫の成長のしかた。 卵→幼虫→さなぎ→成虫 の順に成長する。 幼虫と成虫の食べ物が違うものが多い。 ノミ・テントウムシ・ガ・ミズスマシ ハエ・ハチ・チョウ・アリ・アブ・カ カブトムシ・カイコガ

入試「これだけは！」

モンシロチョウの一生

卵

うすい黄色
約1mm

最初に卵の
カラを食べる

幼虫

きゅうばん状の足
（4対＋1対）

爪のような3対の足は
成虫になった時の足に
なる

羽化

成虫

さなぎ

📊で理解しよう！

アゲハ

卵（1mm）　　幼虫　5齢幼虫　　さなぎ　　成虫

カイコガ

卵　　幼虫（かいこ）　さなぎ（まゆ）　成虫

カブトムシ

卵（土の中）　幼虫（土の中）　さなぎ（土の中）　成虫

📖関連事項を学んでおこう！

昆虫の冬越し

卵………<u>カマキリ</u>・<u>バッタ</u>・<u>コオロギ</u>・<u>オビカレハ</u>

幼虫……<u>カブトムシ</u>・<u>ミノガ</u>・セミ・トンボ

さなぎ…<u>モンシロチョウ</u>・<u>アゲハチョウ</u>

成虫……<u>テントウムシ</u>・<u>キチョウ</u>・<u>ミツバチ</u>・ゲンゴロウ

暗記のコツはコレだ！

★さなぎの時期がある昆虫の成長を「<u>完全変態</u>」という。

★完全変態の昆虫はさなぎの時期を経て成虫となるため
　幼虫と成虫で<u>体のつくり</u>や<u>食べ物</u>が違う場合が多い。

★ウスバカゲロウの幼虫を<u>アリジゴク</u>という。

★カの幼虫は<u>ボウフラ</u>といい、<u>水中</u>で生活する。

動物

さなぎの時期がない昆虫（不完全変態）

飛ばすぜゴキブリ

トンボ　バッタ　スズムシ　セミ　ゴキブリ

カキクケコ

カマキリ　カゲロウ　カメムシ　キリギリス
クツワムシ　ケラ　コオロギ

学習のポイント！

不完全変態	さなぎの時期のない昆虫の成長のしかた。 卵→幼虫→成虫　の順に成長する。 **幼虫と成虫の食べ物が同じものが多い。** トンボ・バッタ・スズムシ・セミ ゴキブリ・カマキリ・カゲロウ・カメムシ キリギリス・クツワムシ・ケラ・コオロギ

図で理解しよう！

スズムシ

オスの幼虫	メスの幼虫	オスの成虫	メスの成虫
羽は未発達		オスは羽をこすり合わせて鳴く	メスには発達した産卵管がある

56

表にまとめよう！

昆虫の食べ物一覧表

幼虫と成虫で食べ物が違う昆虫は要チェック！

昆虫の名前	幼虫の食べ物	成虫の食べ物
モンシロチョウ	キャベツなどの **アブラナ科の葉**	花のみつ
アゲハチョウ	**ミカン・サンショウ** **カラタチ**などの葉	花のみつ
カブトムシ	腐葉土 （落ち葉が腐ったもの）	**クヌギ**などの樹液
テントウムシ	**アブラムシ**（アリマキ）	
カ	水中のプランクトン	オス：**草の汁** メス：**動物の血**
トンボ	小魚やオタマジャクシ （トンボの幼虫を**ヤゴ**という）	飛んでいる虫
セミ	木の根の汁	木の幹の汁

幼虫と成虫の生活場所が同じバッタやコオロギなどは、幼虫と成虫が同じものを食べる。

暗記のコツはコレだ！

★さなぎの時期がない昆虫の成長を「**不完全変態**」という。

★多くの**不完全変態**をする昆虫は幼虫と成虫で**体のつくりや食べ物が同じ**である。

★**セミ・コオロギ・スズムシ**など鳴く昆虫が多い。

★トンボの**幼虫**は**ヤゴ**といい、**水中**で生活する。

油はジリジリにえたぎる

アブラゼミはジリジリと鳴く

いけしゃあしゃあとクマが出る

クマゼミはシャアシャアと鳴く

学習のポイント！

ミンミンゼミ	暑さに弱い。ミーンミンミンと鳴く。
アブラゼミ	茶色い羽が特徴。ジーリジリジリと鳴く。
クマゼミ	温暖な地域に多い。シャアシャアと鳴く。
ヒグラシ	晩夏の日暮れにケケケケケケと鳴く。
ツクツクボウシ	最初「ジー…ツクツクツク…ボーシ！」と始まり、「ウイヨース！」を数回繰り返して、「ジー…」と鳴き終わる。

※セミは腹を振動させて鳴く。鳴くのはオスのみ。

図で理解しよう！

ミンミンゼミ　　　　　クマゼミ　　　　　　アブラゼミ

体の横幅が
広く、模様
はない

羽は透きとおっている

羽は茶色で不透明

動物
5

秋の昆虫（こんちゅう）の鳴き声

くつはガチャガチャクツワムシ

クツワムシはガチャガチャと鳴く

スイッチオンで馬を追う

ウマオイはスイッチョンと鳴く

動物

学習のポイント！

エンマコオロギ	コロコロリーリーと鳴く。
スズムシ	リーンリーンと鳴く。
マツムシ	チンチロチンチロと鳴く。
キリギリス	チョンギースと鳴く。
クツワムシ	ガチャガチャガチャと鳴く。
ウマオイ	スーイッチョンと鳴く。

※秋の虫は羽をこすり合わせて鳴く。鳴くのはオスのみ。

図で理解しよう！

エンマコオロギ

メスには
産卵管（さんらんかん）が
ある

キリギリス

足に
とげが
ある

クツワムシ

足に
とげが
ない

クモのなかまは

クモ類

草が大きらい

クモ　サソリ　ダニ　草きらい＝肉食

学習のポイント！

クモ類	昆虫と同じ**節足動物**のなかま。 からだは「**頭胸部**」と「**腹部**」に分かれる。 頭胸部から**足が8本**出ている。 目は**単眼が8個**あり、触角は持たない。 **クモ**・**サソリ**・**ダニ**

図で理解しよう！

クモの代表例

触肢(2本)
触角はない

単眼(8個)
複眼はない

足8本

頭胸部

腹部

動物 **7**

エビやカニのなかま（甲殻類）

エビ団子と

エビ　ダンゴムシ　ワラジムシ

カニみそはこう書く

カニ　ザリガニ　ミジンコ　甲殻類（こうかくるい）

動物 🐰

学習のポイント！

甲殻類（こうかくるい）	昆虫と同じ**節足動物**のなかま。 からだは「頭胸部」と「腹部」に分かれる。 エビは４本の触角と２個の複眼を持つ。 水にすむ甲殻類には「**エラ**」がある。 頭胸部から足が **10本**出ている。 **エビ**・**ダンゴムシ**・ワラジムシ・**カニ** **ザリガニ**・**ミジンコ**・フナムシ ※ダンゴムシの足は **14本**。 足が多数ある。　**ムカデ**・**ヤスデ**・**ゲジ**

図で理解しよう！

エビの代表例

触角

頭胸部　腹部

複眼（２個）

足10本

泳ぐための足

メダカのからだのしくみ

メダカのひれは

メダカのひれの枚数は合計

ラッキーセブン

7枚(胸びれ・腹びれ2枚、背びれ・しりびれ・尾びれ1枚)

学習のポイント！

メダカの体	胸びれと腹びれは**2枚**ずつ。 **背びれ・しりびれ・尾びれ**は各**1枚**。 **オス**は背びれに切れ込みがあり、 **しりびれ**は平行四辺形をしている。 魚類は**エラ**で呼吸をする。

図で理解しよう！

オス

オス…背びれに
切れ込み

腹びれ2枚　　オス…しりびれが
平行四辺形

メス

メス…背びれに
切れ込みがない

胸びれ2枚

尾びれ
1枚

卵　肛門　メス…しりびれの
後ろが短い

卵

付着毛
水草に
からみつく

油のつぶ

ち魚

腹にヨークサック
（卵黄のう）（栄養
の入ったふくろ）

関連事項を学んでおこう！

食物連鎖

⟶ 光合成
⟶ 呼吸

酸素　二酸化炭素

緑色植物／植物プランクトン

草食動物／動物プランクトン・小型の魚

肉食動物／大型の魚

分解　菌類・細菌類　分解

生態系ピラミッド

肉食動物
草食動物
緑色植物

増加

えさが増えたため数が増加

増加

減少

天敵が増えたため数が減少

えさである植物が減ったため数が減少

減少

もとにもどる

暗記のコツはコレだ！

★メダカのひれの数は**合計7枚**である。

★メダカのオス・メスは**背びれ**と**しりびれ**で区別する。

★メダカのち魚は腹に**卵黄**を持っている。

★水温 **25℃** くらいで、メダカは卵を最もよく産む。

おたまはうしろを

オタマジャクシ　うしろ足から出て

振りカエル

カエルになる

学習のポイント！

ヒキガエル	茶色っぽい皮膚に、多数のとっきを持つ。とっきからは有毒な液体を出す。ガマガエル・イボガエルなどと呼ばれる。3月〜5月頃、ゼリー状の細長いひものようなものの中に約8000個の卵を産む。
トノサマガエル	緑色の皮膚に黒い斑紋を持つ。体表はなめらか。4月〜6月に1800個〜3000個のひとかたまりの卵を産む。
変温動物	カエルのなかまは体温を一定に保つことができず、周囲の気温の変化によって体温が変化してしまう。このような動物を変温動物という。冬は体温が上がらずに活動できないため、地中でじっとしている。これを冬眠という。

カエルの卵

ヒキガエル　　　　　トノサマガエル

📊 図で理解しよう!

カエルの育ち方

分裂がはじまる

ふ化

およそ30日後
うしろ足から
先に出る

およそ20日後

およそ50日後
前足が出る

尾が短くなる

およそ70日後

動
物
🐰

📚 関連事項を学んでおこう!

かいぼう顕微鏡

レンズ

調節ネジ

ステージ

反射鏡

双眼実体顕微鏡

視度調節
リング

接眼レンズ

対物
レンズ

調節ネジ

ステージ

水中の小さな生き物

軽装のイカ君

ケイソウ　イカダモ　クンショウモ

青いミカンを光らせる

アオミドロ　ミカヅキモ　植物プランクトン　光合成をおこなう

学習のポイント！

植物プランクトン	**葉緑体**を持ち**光合成**をおこなう。
	ミカヅキモ・**クンショウモ**・イカダモ
	ケイソウ・**アオミドロ**・ツヅミモ
動物プランクトン	自分で**動く**ことができる。
	ミジンコ・**ケンミジンコ**・**アメーバ**
	ワムシ・ゾウリムシ・ツリガネムシ

関連事項を学んでおこう！

顕微鏡の使い方

① 顕微鏡を直射日光の当たらない
　水平な場所に置く。
② 接眼レンズを取り付ける。
③ 対物レンズを取り付ける。
④ 反射鏡を動かし視野を明るくする。
⑤ プレパラートをステージに乗せる。
⑥ レボルバーを回し低倍率にする。
⑦ 横から見ながら対物レンズを
　プレパラートに近づける。
⑧ 調節ネジを回してピントを合わせる。

顕微鏡の倍率＝接眼レンズの倍率 × 対物レンズの倍率

llıl（図で理解しよう！）

動物

植物プランクトン	ツヅミモ	クンショウモ	イカダモ	
	ケイソウ	ミカヅキモ	ツノケイソウ	アオミドロ
	ツノモ	ミドリムシ	ボルボックス	
動物プランクトン	ツリガネムシ	ツボワムシ	ミジンコ	ケンミジンコ
	ラッパムシ	ゾウリムシ	アメーバ	ヤコウチュウ

暗記のコツはコレだ！

★**動物プランクトン**は自分で**動ける**。

★下線植物プランクトンは葉緑体を持ち、**光合成**をする。

★下線ツノモや下線ミドリムシは自分で動けて、光合成もする。

動物の分類

ぎょっ？変な料理は注意！

魚類　変温動物　両生類　ハ虫類

ホ乳類は超高温！

ホ乳類　鳥類　恒温動物

学習のポイント！

せきつい動物➡	背骨を持つ動物のこと。
魚　類	**ウロコを持ち、エラで呼吸をする。** メダカ・サメ・ウナギ・タツノオトシゴ
両生類	**子はエラ呼吸、親は肺呼吸をする。** カエル・イモリ・オオサンショウウオ
ハ虫類	**地をはいながら移動する。** カメ・ヤモリ・ヘビ・ワニ
鳥　類	**からだが羽毛でおおわれ、翼を持つ。** ハト・ワシ・ニワトリ・ペンギン
ホ乳類	**卵を産まずに子を産む(胎生)。** ウマ・ネコ・カバ・クジラ・コウモリ

無せきつい動物➡	背骨を持たない動物のこと。
節足動物	昆虫類・**クモ類**・甲殻類・多足類
軟体動物	**イカ**・**タコ**・**カイ**・カタツムリ
環形動物	ミミズ・ゴカイ・ヒル
キョク皮動物	ヒトデ・ナマコ・ウニ
刺胞動物	クラゲ・イソギンチャク・サンゴ

68

動物

表にまとめよう！

せきつい動物の特徴をまとめておこう！

特徴 \ 種類	魚類	両生類 子	両生類 親	ハ虫類	鳥類	ホ乳類
呼吸法	エラ呼吸		肺呼吸			
生活場所	水中		陸上			
体温	変温動物（周囲の環境によって変化する）				恒温動物（一定で変化しない）	
体の表面	うろこ	粘膜		うろこ こうら	羽毛	毛
受精の仕方	体外受精			体内受精		
産まれ方	卵生（水中）			卵生（陸上）		胎生
卵の表面	膜	寒天質		カラを持つ		
子の育て方	親は子の世話をしない				エサを与える	乳を与える

暗記のコツはコレだ！

★鳥類とホ乳類は体温が一定で変化しない恒温動物である。

★ホ乳類は卵を産まず、子を産む胎生である。

★カモノハシとハリモグラはホ乳類だが卵を産む。

★陸上で卵を産む鳥類とハ虫類は卵の表面が硬いカラ。

★イモリ（井守）は両生類、ヤモリ（家守）はハ虫類である。

かっこいい夏
カッコウ　ツバメ　夏鳥

ほっとこう
ホトトギス

学習のポイント！

夏　鳥 (なつどり)	春から夏にかけて南の地方から北上し、 **日本で夏を過ごし、秋に南下していく鳥。** **カッコウ・ツバメ・ホトトギス**
冬　鳥 (ふゆどり)	秋から冬にかけて北の地方から南下し、 **日本で冬を過ごし、春に北上していく鳥。** **ガン・白鳥・カモ・ツル**

図で理解しよう！

⟶　冬鳥
⟶　夏鳥
⟶　旅鳥 (たびどり)
　　渡りの途中で
　　日本に立ち寄る鳥
　　シギ・チドリ

※**スズメ**や**カラス**のように
　ずっと日本にいる鳥を
　留鳥 (りゅうちょう) という

入試「これだけは！」

鳥のくちばしと足のかたち

| カモ | ヤマセミ | ツル・シギ |

水面近くの藻や
種子などを食べる

川の近くの木から
ダイビングして魚
を捕らえる

川底の泥（どろ）にくちばし
を入れ、探（さぐ）りながら
カニ・エビ・小魚（こざかな）を
捕らえる

川や湖に住み、水
かきを使って水面
を泳いで移動する

水辺の木の枝に
とまり、獲物（えもの）を
ねらう

水田や湿地（しっち）
などに生息
し、移動す
る

関連事項を学んでおこう！

冬眠する動物

○**カエル**（両生類）・**ヘビ・トカゲ**（ハ虫類）

　　変温動物であるため、冬は体温を保てない。

○**コウモリ・ヤマネ・シマリス**（ホ乳類）

　　恒温動物だが、ある温度以下になると体温を保てない。

○**クマ**（ホ乳類）

　　冬はエサがなくなるため、エネルギー消費を抑（おさ）える。

暗記のコツはコレだ！

★カッコウやツバメなど**夏に日本に来る**鳥を<u>夏鳥</u>という。

★ガンや白鳥・カモなど**冬に日本に来る**鳥を<u>冬鳥</u>という。

★夏鳥・冬鳥・旅鳥をまとめて<u>渡（わた）り鳥（とり）</u>という。

人体 1

ヒトの誕生

3×8＝24 （さんぱにじゅうし）

38週＝妊娠期間

※妊娠期間は「十月十日（とつきとおか）」といわれるが、これは「満」ではなく「数え」で計算しているため、実際とはズレが生じる。
28日×（10−1）＋10日＝262日

学習のポイント！

精子	男性の精巣でつくられる。長さ約 0.06mm。
卵子	女性の卵巣でつくられる。直径約 0.14mm。
受精	女性の体内で精子が卵子と合体すること。受精した卵子を受精卵という。
妊娠期間	受精した卵子が胎児となって生まれてくるまで約 266 日かかる。上記補足説明にあるとおり、実際には受精した日から9か月強（38 週）となる。
たいばん	子宮の内側の受精卵が着床した部分に毛細血管が集まり、たいばんを形成する。
へその緒	胎児のからだとたいばんを結ぶ血管などの管。胎児はたいばんからへその緒を通して母親から酸素と栄養を受け取り、二酸化炭素や不要物を母親にわたす。
羊膜と羊水	子宮の中に形成される胎児を包む膜と、その中に満たされている液体。

図で理解しよう！

たいばん

羊水　　　　　　　　　　　　へその緒

羊膜

子宮　　　　　　　　　胎児

関連事項を学んでおこう！

にわとりの卵のつくりとはたらき

胚
（将来からだになる部分）

から

カラザ
（卵黄のバランスを保つ）

気室

卵白

卵黄（栄養）

暗記のコツはコレだ！

★精子と卵子が合体すると受精卵となる。

★受精から出産まで 38 週(266 日)かかる。

★胎児と母親はたいばんとへその緒で結ばれている。

★胎児は羊膜と羊水に包まれている。

デンプン　ダ・スイ・チョウ
だ液　すい液　腸液

タンパク　イ・スイ・チョウ
胃液　すい液　腸液

脂肪は　スイ・タン
しぼう　すい液　たん汁

学習のポイント！

デンプン	だ液→すい液→腸液で順に消化され、ブドウ糖に変化して小腸で吸収される。
タンパク質	胃液→すい液→腸液の順に消化され、アミノ酸に変化して小腸で吸収される。
脂肪	すい液とたん汁によって消化され、脂肪酸とモノグリセリドに変化して、小腸で吸収される。

関連事項を学んでおこう！

小腸のつくり

粘膜のひだ

ひだ

リンパ管
脂肪酸とモノグリセリドを吸収

毛細血管
ブドウ糖とアミノ酸を吸収

小腸の柔毛
表面積を増やす

74

図で理解しよう！

※ブドウ糖は吸収された後、使われなかった余りは<u>グリコーゲン</u>として<u>肝臓</u>に<u>貯蔵</u>される。

※<u>脂肪酸</u>と<u>モノグリセリド</u>は柔毛内で<u>脂肪</u>に戻り、リンパ管に入る。その後余分なものは<u>皮下</u>に貯蔵される。

暗記のコツはコレだ！

★<u>デンプン</u>はまず<u>だ液</u>によって<u>麦芽糖</u>に分解され、次に<u>すい液</u>と<u>腸液</u>によって<u>ブドウ糖</u>に分解される。
　その後、<u>グリコーゲン</u>として<u>肝臓</u>に貯蔵される。

★<u>タンパク質</u>は<u>胃液・すい液・腸液</u>によって<u>アミノ酸</u>に分解される。

★<u>脂肪</u>は<u>すい液</u>と<u>たん汁</u>により<u>脂肪酸</u>と<u>モノグリセリド</u>に分解されて吸収。その後脂肪に戻りリンパ管に入る。

★栄養は<u>小腸</u>で、水分は<u>小腸</u>と<u>大腸</u>で吸収される。

人体

人　体 | 75

カンタンすぎて

肝臓 たん汁(たんじゅう)をつくる

くちアングリ

アンモニアを尿素に変える グリコーゲンを貯蔵(ちょぞう)

学習のポイント！

肝臓(かんぞう)のはたらき

① ブドウ糖をグリコーゲンとしてたくわえる。

② たん汁をつくる→たんのうにためる。

③ アンモニアを尿素に変える（解毒作用(げどくさよう)）。

入試「これだけは！」

- 肝臓から分泌(ぶんぴつ)されるたん汁(じゅう)は一時的にたんのうに貯蔵(ちょぞう)され、その後、十二指腸(じゅうにしちょう)へと送られる。

- すい臓から分泌されるすい液も十二指腸へと送られる。すい液は脂肪を脂肪酸とグリセリンに分解する。

- たん汁は脂肪の分解を助けるはたらきがある。

- たん汁には消化酵素(しょうかこうそ)は含(ふく)まれない。

人体 4

腎臓のはたらき

腎臓で
腎臓では

尿素こしとり尿つくる
尿素をこしとって尿をつくる

学習のポイント！

腎臓のつくりとはたらき

① 腰の背中側に左右に1個ずつある。

② 血液中の尿素などの不要物を取り除き尿をつくる。

③ つくられた尿は輸尿管を通り、ぼうこうへ運ばれる。

④ 腎臓は血液中の塩分濃度の調節をおこなう。

図で理解しよう！

静脈 動脈
腎臓
輸尿管
ぼうこう

腎動脈
（体内で最も
不要物が
多い）

腎静脈
（体内で最も
不要物が
少ない）

輸尿管

肺のはたらきと呼吸のしくみ

王様上がって

横隔膜(おうかくまく)が上がると

息を吐く

息を吐く

学習のポイント！

肺のつくりとはたらき

① 肺は気管支で気管とつながっている。

② 肺の内部には肺胞という小さな袋がたくさん
あり、ブドウの房のようにかたまっている。

③ 肺胞を包む毛細血管を通して、血液中の不要な
二酸化炭素を取り除き、酸素を取り入れる。

④ 肺胞の表面積は $100\,m^2$ もあり、効率よく酸素と
二酸化炭素の交換をおこなうことができる。

図で理解しよう！

鼻
口
口と鼻は、のどでつながっている
気管
気管支
肺
横隔膜
血液
肺胞
拡大
毛細血管

呼吸運動のしくみ

息を吸うとき

ふうせん
（肺の代わり）

ろっ骨

肺

横隔膜

空気

広がる

① 横隔膜（おうかくまく）が下がる
② ろっ骨（こつ）が上がる
③ **胸（むね）の部屋が広がる**
④ 肺が広がる
⑤ **空気が入ってくる**

ゴム膜（横隔膜の代わり）
下に引っ張ると空気が
入ってくる

息を吐くとき

ろっ骨

肺

横隔膜

空気

縮まる

① 横隔膜が上がる
② ろっ骨が下がる
③ **胸の部屋が縮まる**
④ 肺が縮まる
⑤ **空気が出ていく**

ゴム膜が上がると
空気が出る

暗記のコツはコレだ！

★胸（むね）の部屋が広がると空気が肺に**入り**、胸の部屋が
　縮まると肺から空気が**出て行く**。

★肺の内部には**肺胞**と呼ばれる袋がたくさんある。

★肺胞で血液中の**二酸化炭素**と**酸素**を交換する。

★肺胞に分かれていることで**空気と接する面積が**
　広がり、効率よく**ガス交換**をおこなうことができる。

人
体

心臓の各部の名称と血液の流れ

右下マッチョで

心臓(しんぞう)の筋肉(きんにく)は向かって右下が一番厚(あつ)い

全身大移動

右下の部屋から全身へ大動脈で移動する

学習のポイント！

大動脈　全身へ　全身から　大静脈　右心房　左心室　右下マッチョ　右下マッチョ

右下の 左心室から 出た血液は	大動脈で酸素の 多い動脈血を 全身へ運ぶ	そして大静脈を 通り、全身から左 上の右心房へ戻る

肺へ　肺動脈　肺静脈　肺から　全身へ　右心室　左心房　右下マッチョ

左下の右心室か ら肺動脈で肺へ 移動し	肺で酸素を取り入 れて肺静脈を通り、 再び心臓へ	そして、また 大動脈で 全身へ

暗記のコツはコレだ！

★「向かって」右下の部屋（**左心室**）の筋肉の壁が一番厚く（**右下マッチョ**）、ここから全身へ血を送り出す。

★**心臓に入ってくる血管は静脈**（**肺静脈・大静脈**）。

★**心臓から出て行く血管は動脈**（**大動脈・肺動脈**）。

★血液が戻ってくる部屋は「**心房**」である。

★血液を送り出す**心臓のポンプ室**が「**心室**」である。

★図は正面から見たものなので心臓の各部の名前は、図と**左右逆**！

からだをめぐる血液

脳など上半身

肺

二酸化炭素が最も多い

酸素が最も多い

心臓

右下マッチョ

空腹時は栄養が最も多い

肝臓

門脈

小腸

食後は栄養が最も多い

腎臓

不要物が最も多い

二酸化炭素以外の不要物が最も少ない

ぼうこう

設計さん

赤血球は酸素を運ぶ

百均で番傘さがす

白血球は菌(きん)を食い殺す　血小板はかさぶたになる

学習のポイント！

せっけっきゅう **赤血球**	血液の赤い**固体**成分。赤血球中の**ヘモグロビン**が全身に**酸素**を運ぶ。
はっけっきゅう **白血球**	体内に侵入した**細菌**を食い殺す。
けっしょうばん **血小板**	出血すると固まる。
血しょう	血液中の**液体**成分。 **二酸化炭素**・**栄養**・**不要物**などを運ぶ。

図で理解しよう！

ぞうけつかんさいぼう
造血幹細胞

骨髄

血液は大きな骨の中
(骨髄)でつくられる

血管

血液の**固体**成分

白血球	血小板	赤血球
体内に侵入してきた異物を除去する	出血した時、血液を固めて止血する	酸素を全身に送り届ける

目のしくみ

最高潮で

こう彩(こうさい)は光の量を調節する

もう死にそう

もう膜で刺激(しげき)され、視神経から脳に信号が送られる

学習のポイント！

ひとみ	黒目の中心にあって光を通す穴。
こう彩	ひとみの周囲の光量を調節する膜。 ひとみの色の違いは、実際にはこう彩の色の違いによる。
もう膜	光を感じて視神経に伝える。
もう点	視神経の束ともう膜の接点。像はできない。

図で理解しよう！

レンズ
こう彩
角膜（かくまく）
もう膜
もう点
ひとみ
視神経
毛様体（もうようたい）
ガラス体

明るいところでは
ひとみが小さくなる

こう彩

明るいとき

暗いところでは
ひとみが大きくなる

こう彩

暗いとき

困った事象で

こまく→耳小骨(じしょうこつ)→

うずを巻く

うずまき管→聴神経(ちょうしんけい)の順に信号が伝わる

学習のポイント！

こまく	音を受けると振動する。
耳小骨	こまくの振動をうずまき管に伝える。
うずまき管	音を感じて聴神経に伝える。
三半規管	3つの半円形の器官。平衡感覚や体の回転などを感じて脳に伝える。 乗り物の振動によって三半規管が刺激を受けると、乗り物酔いになることがある。

図で理解しよう！

外耳道　こまく　耳小骨　三半規管　聴神経　うずまき管　耳管

外耳　中耳　内耳

地層 1

地震の揺れと伝わり方

大きい主人は後から来ます

大きな揺れの主要動は後から来る

小さな食器は先に運ぼう

小さな揺れの初期微動は先に来る

学習のポイント！

震源	地震が発生した場所。
震央	震源の真上の地点。
初期微動	速度の速い**小さな揺れ**のこと。先に到達する。
主要動	速度の遅い**大きな揺れ**のこと。後で到達する。
震度	地震の揺れを表す単位。**0〜7**の**10段階**ある。
マグニチュード	**地震の規模**を表す単位。1上がると約32倍。

地面

A＝B→C→D
の順に地震が
起こる

震源

初期微動

主要動

計算問題に強くなろう！

初期微動を伝える波（**P波**）の速度が6km/秒、主要動を伝える波（**S波**）の速度が4km/秒のとき、震源から240km地点での**初期微動継続時間**は何秒ですか。

→240km÷6km/秒＝40秒　240km÷4km/秒＝60秒

よって、初期微動が続く時間は60秒－40秒＝<u>20秒間</u>

火山によってできる岩石（火成岩）①

頭刈（か）り上げ

火山岩　リュウモン岩　アンザン岩　ゲンブ岩

赤飯食べる

石基　はん晶　はん状組織

学習のポイント！

火山岩（かざんがん）	マグマが**地表付近で急に冷えて固まった**岩石のこと。**石基**（せっき）**とはん晶**（しょう）からなる「**はん状組織**（じょうそしき）」を形成する。
リュウモン岩（がん）	**石英**（せきえい）・**長石**（ちょうせき）・**黒ウンモ**（くろ）からなる白っぽい岩石。
アンザン岩（がん）	**長石**・**カクセン石**からなる灰色っぽい岩石。
ゲンブ岩（がん）	**長石**・**キ石**・**カンラン石**からなる黒っぽい岩石。

📊 図で理解しよう！

はん状組織

　マグマが急に冷えて固まったため、鉱（こう）物（ぶつ）の結晶（けっしょう）が大きく育たなかった。

はん晶
（石英・長石などの鉱物の結晶）

石基

火山によってできる岩石（火成岩）②

新幹線は

深成岩　花コウ岩　セン緑岩　ハンレイ岩

ゆっくり通る

ゆっくり冷えて固まる　等粒状組織

学習のポイント！

深成岩 しんせいがん	マグマが**地中深く**で**ゆっくり冷えて固まった**岩石のこと。 「**等粒状組織**」を形成する。
花コウ岩 かこうがん	**白っぽい岩石**で石壁や墓石の材料となり、**御影石**とも呼ばれる。
セン緑岩 りょくがん	長石・カクセン石からなる灰色っぽい岩石。
ハンレイ岩 がん	長石・キ石・カンラン石からなる黒っぽい岩石。

図で理解しよう！

等粒状組織

マグマがゆっくり冷えて固まったため、鉱物の結晶が大きく成長できた。

同じ大きさの結晶

（石英・長石などの鉱物の結晶）

※石基はない

英語の先生ちょーかっこいい
石英　長石

感激隠せないうんもーどうしよう
カンラン石　キ石　カクセン石　黒ウンモ

学習のポイント！

石　英	白色で不規則に割れる鉱物。 透明なものは「水晶」と呼ばれる。
長　石	白色で柱状に割れる。純度の高いものは、 ムーンストーンなどの宝石になる。
黒ウンモ	黒色で薄くはがれる。
カクセン石	緑黒色で六角柱状の結晶となる。
キ　石	緑色・黒色などさまざまな種類があり、 ヒスイもこのなかまである。
カンラン石	黄緑色で柱状の鉱物。特に美しいものは ペリドットという宝石になる。

石英（水晶）

黒ウンモ（千枚はがし）

表にまとめよう！

火成岩をつくる鉱物

火 山 岩	リュウモン岩	アンザン岩	ゲンブ岩
深 成 岩	花コウ岩	セン緑岩	ハンレイ岩
鉱物の種類と割合(%)	石英　長石　キ石　カクセン石　黒ウンモ　カンラン石		
おもな鉱物とその割合(%)	黒ウンモ、カクセン石／長石、石英	キ石、カクセン石／長石	キ石、カンラン石／長石
火成岩の色	白っぽい　←→　黒っぽい		

リュウモン岩と花コウ岩は、石英や長石を多く含むために白っぽい。

ゲンブ岩とハンレイ岩は、キ石やカンラン石を多く含むために黒っぽい。

地層

暗記のコツはコレだ！

★火成岩は大きく「**火山岩**」と「**深成岩**」に分かれる。

★リュウモン岩や花コウ岩は<u>石英</u>や<u>長石</u>を多く含み、白っぽい岩石である。

★アンザン岩やセン緑岩は<u>カクセン石</u>を含む。

★ゲンブ岩やハンレイ岩は<u>カンラン石</u>を含み、黒っぽい岩石である。

★<u>石英</u>は白色の鉱物で透明のものは「**水晶**」と呼ばれる。

★<u>ヒスイ</u>はキ石のなかまである。

水野さん！心情は？

水の三作用　侵食作用　上流

うん、パン作りの途中で退屈かも

運ぱん作用　中流　たい積作用　下流

学習のポイント！

侵食作用 （しんしょくさよう）	「けずるはたらき」のこと。 水の流れが<u>速い</u>上流などで**強く**はたらく。
運ぱん作用 （うん）	「運ぶはたらき」のこと。 水の流れが<u>速く</u>かつ**水量が多い**中流で 強くはたらく。
たい積作用 （せき）	「つもらせるはたらき」のこと。 水の流れが<u>遅い</u>下流などで**強く**はたらく。

関連事項を学んでおこう！

川の流れと川底のかたち

まっすぐな川では
流れは真ん中が一番速い

カーブの内側は
流れがゆるやか
で川原ができる

カーブの外側は
流れが速いため
がけができる

図で理解しよう！

上流・中流・下流での川のようす

角ばった大きな岩

上流は流れが急なため侵食作用がさかん

上流

中流は水量も多いため運ぱん作用がさかん

中流

がけ

丸みを帯びた小石や砂

川原

下流は流れが遅くなるためたい積作用がさかん

細かい砂や泥

下流

三角州

暗記のコツはコレだ！

★**上流**では川の**流れが急**なため**侵食作用**が強くはたらく。

★**中流**では**水量が多く**なるため**運ぱん作用**が強くはたらく。

★**下流**では川の**流れがゆるやか**になるため**たい積作用**が強くはたらく。

★川のカーブでは**内側**に**川原**が、**外側**に**がけ**ができる。

じょうきげんでVサイン!

上流にはV字谷がある

中古のミカン洗浄するから狩人も参加して!

中流には三日月湖や扇状地がある　　下流には三角州がある

学習のポイント!

上流域	川の流れが速いため、**侵食作用**が最も強くたい積作用が最も弱い。**V字谷**を形成。
中流域	**水量が多い**ため、**運ぱん作用**が最も強い。山間部から平地に出るところでは、**たい積作用**が強くはたらき、**扇状地**ができる。また川の曲がった部分が**洪水**などで取り残されると、**三日月湖**ができる。
下流域	川の流れが遅くなるため、**たい積作用**が最も強い。河口付近には**三角州**ができる。

関連事項を学んでおこう!

理科の地層分野と社会の地理は密接に関連している。あわせて確認しておこう!

扇状地………山梨県甲府盆地

三角州………広島県広島平野(太田川)

三日月湖……北海道石狩平野(石狩川)

(リアス海岸……岩手県三陸海岸・三重県志摩半島

　　　　　　福井県若狭湾・愛媛県宇和海など)

ⅼⅼⅼⅼ 図で理解しよう！

V字谷のでき方（上流）

山　川　山 → 侵食／川

扇状地のでき方（上流→中流）

平地　川　山　ここに土砂がたい積する → 扇状地

三日月湖のでき方（中流）

侵食　たい積　たい積　侵食　たい積

① 侵食やたい積によって川が蛇行する

② 大洪水が起こり、川の流れが変わる

③ 湖が取り残され、三日月湖となる

三日月湖

地層

大切なレッサーパンダは

たい積岩　　レキ岩　サ(砂)岩

泥だらけ

デイ(泥)岩　　　※レキ→砂→泥の順に粒が小さくなる

学習のポイント！

レキ岩	直径2mm以上の粒(**レキ**)が砂や泥といっしょに押し固められて岩石となったもの。
砂　岩	直径0.06mm～2mmの粒(**砂**)が押し固められて岩石となったもの。
デイ岩	直径0.06mm以下の粒(**泥**)が押し固められて岩石となったもの。
ネンバン岩	デイ岩に強い圧力がかかり、変性したもの。すずりや瓦に用いられる。
石灰岩	海水中の**石灰質**や**サンゴ・貝**などの生物の死がいがたい積して固まった岩石。塩酸と反応して二酸化炭素を発生する。主な成分は炭酸カルシウム。
大理石	石灰岩が地下のマグマによって熱せられて変性してできた岩石。
チャート	**ホウサンチュウ**などの死がいがたい積してきた岩石。主な成分は二酸化ケイ素。
ギョウカイ岩	**火山灰**が押し固められてできた岩石。粒が**角ばっている**。

図で理解しよう！

河口付近でのレキ・砂・泥のたい積のしかた

粒が大きくて**重い** ← レキ　砂　泥 → 粒が小さくて**軽い**

レキ・砂・泥の沈み方の違い

レキ　砂　泥

水　かきまぜる　水　→　泥　砂　レキ

粒の**大きな**レキから先に沈む

暗記のコツはコレだ！

- ★**レキ**は粒が**大きく**重いため、**早く**沈む。
- ★レキ岩の層があるところはかつて**浅い**海だった。
- ★**泥**は粒が**小さく**軽いため、**遠くまで**運ばれる。
- ★**デイ岩**の層があるところはかつて**深い**海だった。
- ★**炭酸カルシウム**を多く含む岩石は**石灰岩**である。
- ★**ホウサンチュウ**などがたい積してできた岩石は**チャート**である。
- ★**火山灰**がたい積してできた岩石は**ギョウカイ岩**である。

強く押されたしゅうちゃん曲つくる
強い力で左右から押されるとしゅう曲ができる
カツラズレて逆ギレ
地層がずり上がって逆断層に

学習のポイント！

しゅう曲	地層が左右から**強い力で押されて**、大きく曲がって波のようなかたちになったもの。
逆断層	地層が左右から**強い力で押され**、片方の地層がずり上がったもの。
正断層	地層が左右に**引っ張られ**、片方の地層がずり落ちたもの。
整合	地層が平行に重なり合ったもの。
不整合	地層が**隆起**したり**沈降**したりして、途中でたい積が中断したことがわかるような地層のこと。

入試「これだけは！」

不整合。ここで一度地層が<u>隆起</u>して海面から出て、風や雨などで侵食・風化された後、再び<u>沈降</u>したことを示す。

不整合面

図で理解しよう！

しゅう曲

左右から強い力で押されると
地層がぐにゃりと曲がり
「しゅう曲」が形成される。

逆断層

地層が強い力で押されると
断層面の上側の地層がずり
上がり「逆断層」が形成される。

正断層

地層が左右に引っ張られると
断層面の上側の地層がずり落
ち「正断層」が形成される。

関連事項を学んでおこう！

河岸段丘（かがんだんきゅう）のでき方

もとの川原　　新しい川原　　いちばん古い川原（段丘面）　現在の川原

海岸段丘（かいがんだんきゅう）のでき方

平らな海底　　段丘面　　いちばん新しい段丘面　いちばん古い段丘面

隆起　　隆起　　隆起

地層

地層 | 97

古生代の化石（示準化石）

個性大好き
古生代

富士山よ

フズリナ　サンヨウチュウ（三葉虫）

学習のポイント！

古生代	今から約5億4200万年前〜2億5100万年前の地質時代。
フズリナ	**古生代**に栄えた有孔虫（貝のような生物）の一種。有孔虫の化石は「**星の砂**」とも呼ばれる。
三葉虫	古生代に栄えた**節足動物**の一種。古生代を代表する化石。

フズリナ

三葉虫

中生代の化石(示準化石)

中学教師は
中生代　キョウリュウ(恐竜)

安心だ
アンモナイト

学習のポイント！

中生代	今から約2億5100万年前～6600万年前の地質時代。
恐竜	**中生代**に栄えた生物。かつてはハ虫類に近いとされていたが、現在では鳥類に最も近いと考えられている。
アンモナイト	中生代に栄えた軟体動物の一種。現在の**オウムガイ**に最も近いと考えられている。

恐竜

アンモナイト

しなびた

新生代 ナウマンゾウ ビカリア

マンモス

マンモス

学習のポイント！

新生代	6600万年前〜現在に至る地質時代。
ナウマンゾウ	**新生代**に栄え、絶滅したゾウの一種。
マンモス	新生代に栄えた、ゾウの親せき。直接の祖先ではないと考えられている。
ビカリア	新生代に栄えた、全長10cmほどの**巻貝**のなかま。

示準化石は各地質時代毎にまとめておこう！

ナウマンゾウ

ビカリア

2cm

マンモス

地層 12 示相化石

浅い海でしみじみ書こう
アサリは浅い海に住んでいた　シジミは河口付近

あったか山菜陶器に盛ろう
サンゴは　遠浅で　暖かくきれいな海

学習のポイント！

示相化石	化石となった生物の生息環境から、その地層ができた時代の**自然環境や気候変動など**を知る手がかりとなる化石のこと。
示準化石	化石となった生物から、その地層ができた**地質時代がいつなのか**を知る手がかりとなる化石のこと。

アサリの化石

サンゴの化石

暗記のコツはコレだ！

★アサリやハマグリの化石はかつてそこが**浅い海**だったことを示す。

★**シジミ**は河口付近の塩水と淡水が混じり合う場所。

★**サンゴ**は遠浅で暖かくきれいな海だったことを示す。

高・低気圧は
高気圧　　低気圧は

S字曲線
風がS字に吹き出し・吹き込む

学習のポイント！

気　圧	空気の圧力のこと。単位はhPa（ヘクトパスカル）。 **1cm² あたり約 1kg の力**がかかると **1 気圧**。 1 気圧＝ <u>1013hPa</u>
高気圧	周囲より気圧が高いところをいう。高気圧からは、周りに**風が吹き出す**。この時、地球の自転の影響（**コリオリの力**）で、風は<u>時計回り</u>となる。また<u>下降気流</u>ができるため、**雲が晴れて天気がよくなる**。
低気圧	周囲より気圧が低いところをいう。低気圧には、周りから**風が吹き込む**。この時、地球の自転の影響（**コリオリの力**）で、風は<u>反時計回り</u>となる。また<u>上昇気流</u>ができるため、**雲が発生し、天気が悪くなる**。
コリオリの力	**地球の<u>自転</u>の影響で、北半球では**常に進行方向に対して右向きの力が、南半球では進行方向に対して左向きの力がはたらく。<u>転向力</u>ともいう。**台風**が北半球において<u>反時計回り</u>となるのもコリオリの力による。

📊 図で理解しよう！

低気圧と高気圧の風の向きは入試でよく出題されるのできちんと理解しておこう！

高気圧では、時計回りに吹き出す

下降気流

低気圧では、反時計回りに吹き込む

上昇気流

雲ができやすい

雨

天気がよい

地表付近での風の向き

S字を描くように風が吹く

天気が悪い

暗記のコツはコレだ！

★1気圧は **1013ヘクトパスカル**（hPa）。

★高気圧は**時計回り**に風が**吹き出す**。**下降気流**が起こり、雲が**晴れて**天気が**よく**なる。

★低気圧は**反時計回り**に風が**吹き込む**。**上昇気流**が起こり、雲が**発生し**天気が**悪く**なる。

★台風は最大風速 **17.2ｍ/秒**以上の**熱帯低気圧**のこと。北半球では**コリオリの力**の影響を受け、**反時計回り**のうずとなる。

気象

2

低気圧と前線

冷たい空気は

冷たい空気は

おすもうさん（イメージ）

おすもうさんのように重くて
猪突猛進（ちょとつもうしん）してくる

学習のポイント！

前線 （ぜんせん）	暖かい空気と冷たい空気の境目と地面が接したところ。
寒冷前線 （かんれいぜんせん）	冷たい空気のかたまりが移動する時にできる、暖かい空気のかたまりとの境目。**冷たい空気**が**暖かい空気**の下にもぐり込み、暖かい空気を押し上げる。この時、強い**上昇気流**（じょうしょうきりゅう）が起こり、**積乱雲**（せきらんうん）が発生して、**夕立**などの激しい**にわか雨**が降る。
温暖前線 （おんだんぜんせん）	暖かい空気のかたまりが移動する時にできる、冷たい空気のかたまりとの境目。**暖かい空気**が**冷たい空気**の上をはい上がるため、ゆるやかな**上昇気流**が起こり、**乱層雲**（らんそううん）や**高層雲**（こうそううん）が発生して、**穏やかな雨**が降る。
停滞前線 （ていたいぜんせん）	冷たい空気と暖かい空気がお互いに押し合い、ほとんど動かない時にできる前線。**長雨**をもたらす。**6月頃**にできるものを「**梅雨前線**（ばいう）」、**9月頃**にできるものを「**秋雨前線**（あきさめ）」という。

▌▌▌ 図で理解しよう！

　低気圧が通過する時の天気の変化も入試ではよく出る項目となる。しっかり確認しておくこと。

寒冷前線

冷たい空気の勢いに
はじき飛ばされて
急激に上昇する

積乱雲

積雲

強い雨

寒気　　暖気

前線の
進む方向

激しい夕立やにわか雨が降る

温暖前線

冷たい空気にはばまれて
ゆるやかに上昇する

高層雲

乱層雲　　くもり

暖気　　寒気

弱い雨

前線の
進む方向

しとしとと、長雨が降る

　冷たい空気はおすもうさんのように重くてどっしりしているため、暖かい空気ははじき飛ばされてしまう。

暗記のコツはコレだ！

★低気圧は寒冷前線と温暖前線をともなう。

★低気圧は上空の偏西風の影響により、西から東へと
　移動していく。

★寒冷前線では暖かい空気が急激に上昇し、積乱雲が
　発生するため、激しい雨が降る。

★温暖前線では暖かい空気が冷たい空気の上に乗るよう
　に上昇し、乱層雲が発生してしとしとと、長雨が降る。

気象

雨を降らす雲

積乱雲は激しく降るよ
積乱雲は激しい雨を降らせる

しとしと長雨　乱層雲
乱層雲は長くしとしと雨を降らせる

学習のポイント！

積乱雲（せきらんうん）	空気が急激（きゅうげき）に暖（あたた）められる・寒冷前線が温暖前線の下にもぐり込むことなどにより、**急激な上昇気流**が起こると発生する。「**かみなり雲**」「**入道雲**（にゅうどうぐも）」などとも呼ばれ、**激しい夕立**や**にわか雨**を降らせる。
乱層雲（らんそううん）	雨が降る直前などに空一面が雲に覆（おお）われ真っ黒になることがある。それが乱層雲。**長く続くしとしと雨**を降らせる。「**雨雲**（あまぐも）」と呼ばれる。

入試「これだけは！」

上昇気流が起こる場合　　ヒートアイランド現象　　上空に低気圧がくる

暗記のコツはコレだ！

★強い**上昇気流**によって**積乱雲**が発生し、**激しい雨**が降る。

★**長くしとしと降る雨**を降らせる雲を**乱層雲**という。

気象
4

飽和水蒸気量と湿度

気温がカンジン!

乾湿計の乾球温度計が気温を表す

湿球、気化熱奪われる!

湿球温度計の方が示度が小さくなるのは
周囲から気化熱を奪うから

学習のポイント!

飽和水蒸気量	空気中に含むことのできる水蒸気の**限度量**のこと。**温度により変化**する。
湿度	飽和水蒸気量に対して実際にどのくらいの水蒸気が含まれているかを表す数値。
乾湿計	**かん球温度計**と**しっ球温度計**の2本からなり、**示度の差**から湿度を割り出す。かん球温度計の方が**気温**を示す。
気化熱	蒸発する際に**周囲から奪う熱**のこと。乾湿計でしっ球温度計の方が、示度が小さくなるのは**気化熱**による。

気象

かん球の示度〔℃〕	かん球としっ球の示度の差〔℃〕				
	0.0	0.5	1.0	1.5	2.0
16	100	95	89	84	79
15	100	94	89	84	78
14	100	94	89	83	78
13	100	94	88	82	77
12	100	94	88	82	76
11	100	94	87	81	75
10	100	93	87	80	74

かん球としっ球の示度の差〔℃〕

かん球温度計　しっ球温度計

かん球の示度 12℃

布　水

湿度 76%

日本の気団は

日本上空の気団は

およしよぉ～

小笠原気団　シベリア気団　オホーツク海気団

学習のポイント！

小笠原気団 （おがさわらきだん）	太平洋の上空にある**暖かく湿った空気**の かたまり。**夏の季節風**をもたらす。
シベリア気団	シベリアの上空にある**冷たく乾燥した 空気**のかたまり。**冬の季節風**をもたらす。
オホーツク海気団	オホーツク海の上空にある**冷たく湿った空気** のかたまり。小笠原気団との間に **梅雨前線**ができる。

図で理解しよう！

シベリア気団
（冷・乾）

オホーツク海気団
（冷・湿）

寒冷↑
温暖↓（おんだん）

小笠原気団
（暖・湿）

乾燥 ← → 湿潤（しつじゅん）

海風（うみかぜ）　昼間

天気のよい日の昼間は陸の方が暖かくなるため、陸で上昇気流が発生する。そこに海からの風が流れ込む。

陸風（りくかぜ）　夜

天気のよい日の夜は陸の方が早く温度が下がるため海上の方が暖かくなる。そのため海上で上昇気流が発生する。そこに陸からの風が流れ込む。

関連事項を学んでおこう！

気象

夏の季節風

低気圧

高気圧

夏は大陸の方が暖かいため、大陸で上昇気流が発生する。そこに太平洋からの暖かく湿った空気が流れ込む。

冬の季節風

高気圧

低気圧

冬は大陸が冷え込むため、太平洋の方が暖まる。すると太平洋で上昇気流が発生する。そこに大陸からの冷たく乾燥した空気が流れ込む。

西高東低

西に高気圧、東に低気圧がある

たてじま模様

冬の天気図はすじ状の雲がたてじまに入る

学習のポイント！

冬の天気図	日本の**西側**には**高気圧**が、**東側**には**低気圧**があり、等圧線が**たてじま模様**となるのが特徴。等圧線の数も多く、**間が狭く**なっている。
冬の雲画像	冬は等圧線に沿うように、**すじ状の雲**が日本上空を覆っている。
冬の特徴	冬は**シベリア気団**が勢力を増す季節で、**北西**からの**冷たく乾燥**した季節風が日本に吹きつける。

すじ状の雲が特徴

西に**高気圧**　東に**低気圧**

関連事項を学んでおこう！

春や秋の天気も確認しておくこと。

晴れたりくもったりと
天気が変わりやすい。

高気圧と低気圧が
交互に並ぶのが特徴。
移動性高気圧という。

入試「これだけは！」

天気記号の見方

快晴　　晴れ　　くもり

雨　　　雪　　　霧

風向きには特に注意

晴れ
北東の風
風力3

風向
風力
天気

風向きは**風が吹いてくる方向**
で表す。
北から吹いてくる風は「北風」。
海から吹いてくる風は「海風」。

気象

暗記のコツはコレだ！

★冬は西高東低の気圧配置で、**すじ状の雲**が特徴である。
★冬は大陸側から**北西の季節風**、**冷たく乾燥**した風。
★春や秋には**移動性高気圧**が見られ**天気が変わりやすい**。
★風向きは**風の吹いてくる方向**で表す。

夏はさっぱり

夏の天気図は等圧線が少なくさっぱりしている

南高北低
なん こう ほく てい

南に高気圧、北に低気圧がある

学習のポイント！

夏の天気図	日本の**南側**には**太平洋高気圧**が張り出し、低気圧は左上（北西）の方に押しやられている。**等圧線**が少ないさっぱりとした天気図が特徴。
夏の雲画像	日本上空に雲がほとんど見られない。
夏の特徴	夏は**小笠原気団**（太平洋高気圧）が勢力を増し、**南東**からの暖かく湿った**季節風**が日本に吹きつける。そのため湿度が高く蒸し暑い日が続く。

雲がほとんどなく好天が続く。

高気圧が日本上空に張り出す。

梅雨の天気図

日本上空に<u>停滞前線</u>が居座り、<u>長雨</u>が続く。

6月頃は「<u>梅雨前線</u>」、9月頃は「<u>秋雨前線</u>」と呼ぶ。

台風の天気図

気象

台風とは、最大風速<u>17.2m/秒</u>以上の熱帯低気圧のこと。

風は<u>反時計回り</u>（左回り）に吹き込み、中心部分の風は弱い（<u>台風の目</u>）。進行方向<u>右側</u>の方が風が強い。

暗記のコツはコレだ！

★夏は<u>南高北低</u>の気圧配置で、等圧線が少ない。

★夏の季節風は<u>南東の風</u>で<u>暖かく湿っている</u>。

★6月、9月は<u>停滞前線</u>により、<u>長雨</u>が続く。

★最大風速<u>17.2m/秒</u>以上の<u>熱帯低気圧</u>を台風という。

★台風は<u>反時計回り</u>に風が吹き込み、<u>右側の風</u>が強い。

百葉箱

北の日かげの芝生の上に

扉は北向き　日かげ　芝生の上

白いよろいの猛者百騎

外壁は白　よろい戸

温度計は目線の高さ(1.2m～1.5m)　百葉箱

図で理解しよう！

百葉箱

外壁を白くぬる
太陽の熱を反射して
吸収しにくくするため

よろい戸
日光や雨をしゃ断し
風通しをよくする
ため

扉は北向き
直射日光が入らな
いようにするため

温度計の高さは
地上1.2m～1.5m

風通しをよくするため
少し高くしてある

芝生の上にたてる
地面から反射する熱を防ぎ、
風通しをよくするため

太陽の高度と気温・地温のグラフ

太陽の高度は
12時頃に
最高となる

1時間

地温は
13時頃に
最高となる

1時間

気温は
14時頃に
最高となる

晴れの日の気温と湿度のグラフ

気温が上がると
湿度は下がる。
気温が下がると
湿度は上がる。

気象

暗記のコツはコレだ！

★百葉箱は風通しのよい芝生の上の日かげに設置する。

★百葉箱は白くぬり、扉は北向きでよろい戸をつける。

★百葉箱の中には地上1.2m〜1.5mの位置に温度計がある。

★太陽の高度➡地温➡気温の順に最高となる。

★1日の最高気温は14時頃、最低気温は夜明け前である。

★空気は地面からの放射熱であたためられる。

冬はベプシで

冬の大三角は

赤・黄・白

ベテルギウス 赤　プロキオン 黄　シリウス 白

図で理解しよう！

冬の大三角形は入試必出だ！　しっかり覚えておこう！

カペラ（黄色）

ふたご座

ぎょしゃ座

ポルックス（黄色）

プレアデス星団

おうし座

こいぬ座
プロキオン（黄色）

ベテルギウス（赤色）

アルデバラン（オレンジ色）

冬の大三角

オリオン座

リゲル（青白色）

冬の大六角形

シリウス（白色）

おおいぬ座

入試「これだけは!」

オリオン座の三つ星の動き方

オリオン座の三つ星は
真東から昇り**真西**に沈む

東から昇（のぼ）ってくる時は
三つ星が**たてに並ぶ**

西に沈む時は
横に寝（ね）る

東　　　　　　南　　　　　　西

関連事項を学んでおこう!

星の明るさ…肉眼で見える星は**1等星**から**6等星**まで、
　　　　　　等級が1つ上がると明るさは約**2.5倍**になる。
　　　　　　1等星は6等星の**100倍**の明るさ!

星の色…温度の**低い**方から　**赤**→オレンジ→**黄**→白→**青白**

暗記のコツはコレだ!

★冬の大三角は**オリオン座**の**ベテルギウス**、おおいぬ
　座の**シリウス**、こいぬ座の**プロキオン**である。
★オリオン座には**ベテルギウス**(**赤色**)と**リゲル**(**青白**
　色)という2つの1等星がある。
★オリオン座の三つ星は東の空から昇る時、**たてに並ぶ**。
★1等星の明るさは、6等星の**100倍**。
★**青白色**の星の温度が一番高く、**赤色**の星が一番低い。

天
体

夏の大三角

夏の大三角は

デベソある！

デネブ　ベガ　アルタイル

図で理解しよう！

夏の大三角は動いていく方向も出題されるぞ！

北極星
こぐま座の2等星

織姫…こと座のベガ
彦星…わし座のアルタイル

デネブ
白色

はくちょう座

こと座

ヘルクレス座

夏の大三角

ベガ
白色

このあと夏の大三角は
北極星を中心に左回り
に動いていく

アルタイル
白色

わし座

天の川

へびつかい座

春の大三角

うしかい座　こじし座

アークトゥルス
オレンジ色

しし座　レグルス
青白色

春の大三角

デネボラ
しし座の２等星

おとめ座

スピカ
青白色

秋の四辺形

アンドロメダ座

秋の四辺形　ペガスス座

うお座

みずがめ座

天体

暗記のコツはコレだ！

★夏の大三角ははくちょう座のデネブ、こと座のベガ、わし座のアルタイルである。

★織姫はこと座のベガ、彦星はわし座のアルタイルである。

★春の大三角はおとめ座のスピカ、しし座のデネボラ、うしかい座のアークトゥルスである。

北極星はひしゃくで水かけ

北極星　北斗七星の先の線を5倍にのばしたところ

カシオペヤの矢を射る

カシオペヤ座の線を5倍にのばしたところ

図で理解しよう！

カシオペヤ座

北極星
こぐま座の2等星

北斗七星
おおぐま座

弓矢を射る
イメージ

ひしゃくで
水をかける
イメージ

入試「これだけは！」

北極星は地軸（地球の自転軸）の
延長線上にあるため、ほとんど
動かないように見える。

★ 北極星

地軸

赤道

地球

重要！　北極星の高度＝その地点の北緯

方角と星の動き

東の空の星…**右上がり**
南の空の星…**左から右へ**
西の空の星…**右下がり**
北の空の星…**反時計回り**

星の日周運動…1日（24時間）で360度回転する。
　　　　　　1時間につき360度÷24時間＝ 15度
星の年周運動…1年（約360日）で360度回転する。
　　　　　　1日につき360度÷360日＝ 1度

暗記のコツはコレだ！

★北極星は**こぐま座**の**2等星**で、**地軸**の延長線上にある。
★北極星の高度はその地点の**北緯**と同じ。
★北の空の星は**北極星**の周りを**反時計回り**に回る。
★**南側**の星は、太陽と同じく**東**から昇り**西**に沈む。

天体

天体 4 黄道十二星座（こうどうじゅうにせいざ）

ふがし汚点（おてん）さ

真夜中に南中する1月から ふたご座 かに座 しし座 おとめ座 てんびん座 さそり座

嫌味（いやみ）うおおオ！

いて座 やぎ座 みずがめ座 うお座 おひつじ座 おうし座 (オリオン座)

学習のポイント！

黄　道	天球上における太陽の見かけの通り道。
黄道十二宮（こうどうじゅうにきゅう）	黄道上に存在する十二の星座を指して こう呼ぶ。星占いの星座（ほしうらなのせいざ）とも連動している。

春の星座	しし座・おとめ座・てんびん座
夏の星座	さそり座・いて座・やぎ座
秋の星座	みずがめ座・うお座・おひつじ座
冬の星座	おうし座・ふたご座・かに座

※オリオン座は黄道十二宮には含まれない。

　星占いの星座（ほしうらな）は、自分の生まれ月の星座の位置に太陽が来た時に合わせて設定されている。そのため実際に夜空に見える星座は、生まれ月の星座とは正反対の位置にあることになる。

　例　6月生まれ＝「ふたご座」→いて座が観測できる。

真夜中に南にくる黄道十二宮の星座

📚 関連事項を学んでおこう！

地球の公転の動き

北極上空から見ると地球は太陽の周りを<u>反時計回りに公転</u>している

北半球が太陽の方を向いている季節が<u>夏</u>

春分の日と秋分の日は昼と夜の長さが同じになる

南半球が太陽の方を向いている季節が<u>冬</u>

暗記のコツはコレだ！

★黄道十二宮は太陽の通り道（<u>黄道</u>）にある星座のこと。

★オリオン座の三つ星は春分の日と秋分の日の太陽の通り道（<u>天の赤道</u>）と同じところを通る。

★地球は太陽の周りを<u>反時計回り</u>に<u>公転</u>している。

★星占いの星座と夜空に見える星座は<u>正反対の位置</u>にある。

天体

いろいろな1等星

サソリの心臓アンタレス

さそり座の心臓の位置にあって赤いアンタレス

おうしの赤い目アルデバラン

おうし座の目の位置にあって赤い(オレンジ)アルデバラン

学習のポイント！

星座のかたちは自分で1回ノートに書いてみると覚えやすいぞ！

さそり座 　夏の代表的な星座。 　**地平線**に近い位置にある。 　心臓の位置にある1等星 　<u>アンタレス</u>が有名。 　「さそりの心臓＝<u>赤</u>」と 　イメージして覚えると 　よい。	 アンタレス
おうし座 　冬の代表的な星座。 　**オリオン座の右上**にある。 　**オレンジ色**の1等星 　<u>アルデバラン</u>が有名。 　「おうしの狂った赤い目」 　と暗記するとよい。	 アルデバラン

関連事項を学んでおこう！

星座早見の使い方

星座板

北極星
回転の中心

頭の上に持ち上げ
るので<u>東西の左右</u>
が逆になる

北

東　　　西

天の赤道
<u>春分・秋分の
太陽の通り道</u>

地平線

天頂
真上方向

南

拡大図（かくだい）　時刻（じこく）を表す　20

日付を表す

```
12 10 8 6 4 2 31 29 27 25 23 21
      9            8
```

この場合**8月23日夜8時**
の星空ということになる

各方位の空の見方

南の空	北の空	西の空	東の空

南の空 / 南
<u>南</u>を下にして
持ち上げる

北の空 / 北
<u>北</u>を下にして
持ち上げる

西の空 / 西
<u>西</u>を下にして
持ち上げる

東の空 / 東
<u>東</u>を下にして
持ち上げる

暗記のコツはコレだ！

★さそり座の1等星の<u>アンタレス</u>は**赤**色。

★おうし座の1等星の<u>アルデバラン</u>はオレンジ色。

★星座早見は見たい方位を<u>下</u>にして**持ち上げる**。

天　体

太陽系のなかま

スイーツ禁止の地域はかなり小さい

水星　金星　地球　火星　小惑星帯

もーどうなってんのかい！

木星　土星　天王星　海王星　（冥王星は準惑星）

学習のポイント！

惑星	太陽の周りを**公転**する星。自ら光を**発せず**、**太陽の光を反射**して夜空に輝く。内惑星が外惑星を追い抜くとき、他の天体の動きとは明らかに違う動きをする（**逆行現象**）ため、「航海者を**惑わす星**」として「惑星」という名がついた。
内惑星	地球より**内側を回る**惑星。**明け方**や**夕方**にしか見られない。大きく**満ち欠け**をする。**水星・金星**。
外惑星	地球より**外側を回る**惑星。夜中に見ることができる。**火星・木星・土星**など。
地球型惑星	**固い地面**（地殻）を持つ惑星。**水星・金星・地球・火星**がこれにあたる。
木星型惑星	固い地殻を持たない**巨大ガス状**の惑星。**リングと多数の衛星**を持つ。**木星**・土星。
天王星型惑星	**巨大な氷の惑星**のこと。天王星・海王星がこれにあたる。天王星は地軸が90度傾いた横倒しの状態で公転している。

𝄽𝄞 図で理解しよう！

水星　金星　地球　火星　木星　土星　天王星　海王星

火　星	表面は酸化鉄を多く含む岩石におおわれて赤い。 北極と南極にはドライアイスがある。 フォボスとダイモスという2つの衛星を持つ。
木　星	直径は地球の11倍。表面に大赤斑という特徴的な模様がある。リングと90個以上の衛星を持つ。
土　星	美しいリングが特徴。140個以上の衛星を持つ。
金　星	満ち欠けをすることで有名。

天体

A・Bの位置では
見えない

A

太陽

B

よいの明星（西の空）

明けの明星（東の空）

夕方　　明け方
自転の向き

菜の花や 月は東に 日は西に

満月が東の空に出てくるときに日は西に沈む

＊ 月の運動は与謝蕪村の俳句で覚えよう。

学習のポイント！

月の満ち欠け	太陽・地球・月の位置関係によって、月の見かけ上のかたちが変わって見える現象。満月から次の満月までは約 **29.5 日** かかる。月の**公転周期**（地球の周りを回る周期）は約 **27.3 日**。

図で理解しよう！

月の満ち欠けの問題は非常によく出る。しっかりとマスターしておこう！

下弦の月 0→6→12

3→9→15

21→3→9

月の出る時間や南中時刻は**3時間ずつ**遅くなっていく

満月
18→0→6
東 南中 西

月の公転は**反時計回り**

新月
6→12→18

15→21→3

上弦の月 12→18→0

三日月
9→15→21

左から太陽が当たっている

天体

暗記のコツはコレだ！

★月の公転周期は 27.3 日である。
★月の自転周期も 27.3 日で、公転周期と同じであるため、常に同じ面を地球に向けている。
★月の満ち欠けの周期は 29.5 日である。
★満月は夕方6時に東から昇り、真夜中0時に南中し、明け方6時に西に沈む。
★三日月は夕方6時から2時間ほどしか観測できない。
★下弦の月は真夜中0時に東から昇り朝6時に南中する。
★上弦の月は夕方6時に南中し真夜中0時に西に沈む。

月食は月ではなく地球が主役

月食の時は真ん中に地球が来る

日食は太陽ではなく月が主役

日食の時は真ん中に月が来る

学習のポイント！

月食（げっしょく）	太陽・地球・月の順番に並び、地球の影（かげ）に月が入り込むことによって起こる現象。 月食が起こるときの月は必ず満月。 月食を観測できる時間は3〜4時間と比較的長いのが特徴（とくちょう）。 月食は夜ならばどこでも観測できる。
日食（にっしょく）	北半球では太陽の右側から欠けていく。 太陽・月・地球の順番に並び、太陽の手前に月が入り込むことによって起こる現象。 日食が起こるときの月は必ず新月（しんげつ）。 日食を観測できる時間は比較的短い。特に皆既日食（かいきにっしょく）は数分間しか観測できない。

太陽と月は
大きさと距離（きょり）の比率が
ほぼ同じなため、
見かけの大きさが
ほぼ同じになる

図で理解しよう!

月食のメカニズム

月の軌道　月　半影　地球　地球の影　太陽　本影（ほんえい）　月が欠けはじめる

日食のメカニズム

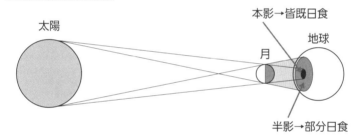

本影→皆既日食　地球　太陽　月　半影→部分日食

※地球が月から少し離れると金環日食になることもある。

月食と日食の欠け方

月食	日食
月	皆既日食　太陽
左から欠けていく	右から欠けていく
東　南　西	東　南　西

天体

天　体 | 131

太陽の南中高度の求め方

春分・秋分

南中高度の計算方法は、春分・秋分の日は

北緯引け！

90度からその場所の北緯(緯度)を引いて求める

学習のポイント！

太陽の南中高度

太陽の南中高度は季節によって変化する。
夏至の日が最も高く、冬至の日が最も低くなる。

重要！

太陽の南中高度の求め方

春分・秋分の日 = <u>90度 − その地点の北緯(緯度)</u>

夏至の日　　　 = 90度 − その地点の北緯 + 23.4度

冬至の日　　　 = 90度 − その地点の北緯 − 23.4度

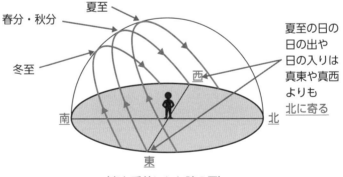

春分・秋分

夏至

冬至

南

西

北

東

夏至の日の
日の出や
日の入りは
真東や真西
よりも
<u>北に寄る</u>

（東を手前にした時の図）

関連事項を学んでおこう！

世界の太陽の動き（A…春分・秋分、B…夏至、C…冬至）

北極（北緯90度）
夏至の日の
太陽高度は
<u>23.4度</u>

北極星

下から見ると
<u>反時計回り</u>に
回るように見える
（<u>白夜</u>）

北半球
太陽は<u>東</u>から
<ruby>昇<rt>のぼ</rt></ruby>り<u>南</u>を通り
<u>西</u>に<ruby>沈<rt>しず</rt></ruby>む

赤道（緯度0度）
夏至は
太陽が
<u>北</u>に寄る

春分・秋分の日の
太陽高度は
<u>90度</u>

南半球
太陽は<u>東</u>から
昇り<u>北</u>を通り
<u>西</u>に沈む

南極（南緯90度）
冬至の日の
太陽高度は
<u>23.4度</u>

下から見ると
<u>時計回り</u>に
回るように見える
（<u>白夜</u>）

天体

南中時刻は

南中時刻を計算する時は

足して２で割れ！

日の出の時刻と日の入りの時刻を足して２で割る

学習のポイント！

太陽の南中時刻

太陽の南中時刻は地点によって変わる。

<u>正午</u>に南中するのは<u>兵庫県明石市</u>。

明石市は<u>日本標準時子午線（東経 135 度）</u>が通る。

問題

ある日の東京における日の出の時刻は６時３８分、日の入りの時刻は１７時１４分でした。この日の東京における南中時刻を求めなさい。

解答

$$
\begin{array}{r}
6:38 \\
+\ 17:14 \\
\hline
\end{array}
$$

$\div 2$　23 : 52

11.5 : 26

↓

0.5 時間は 30 分にあたるので、26 分に

30 分をたして 56 分とする。　　南中時刻：11:56

重要！

太陽の南中時刻＝（日の出の時刻＋日の入りの時刻）÷ 2

134

場所によって南中時刻にはズレが生じる。

東京　での南中時刻＝12：00－<u>4分</u>×5度＝11：40

鹿児島での南中時刻＝12：00＋<u>4分</u>×5度＝12：20

📚 関連事項を学んでおこう！

^{ぼう}棒を立てると影ができる。その影の動きは季節によって変化する。

天体

ガスバーナーの使い方

息(空気)は上から

ガスバーナーは上が空気調節ネジ

おなら(ガス)は下から

下(ガスの元栓に近い方)がガス調節ネジ

学習のポイント！

① 安全のためにガス調節ネジ・空気調節ネジが閉じているかを確かめる。

② ガスの元栓を開ける。

③ マッチの火を斜め下から近づけ、ガス調節ネジを左に回して開く。

④ 空気調節ネジを左に回して開き炎の色を調節する。正常な炎の色は青。

⑤ 火を消す時はつける時と逆の手順でおこなう。空気調節ネジ→ガス調節ネジの順番に閉じる。最後にガスの元栓を閉めるのを忘れずに！

空気調節ネジ　上

ガス調節ネジ　下

空気

ガス

関連事項を学んでおこう！

アルコールランプの使い方

マッチを横から近づけて火をつける
アルコールは八分目

炎の半分が
金網にあたるように
アルコールランプの
高さを調節する

火を消す時はふたを横からかぶせる
その後、一度ふたを開けてから再び閉める

試験管の使い方

試験管に入れる
液量を $\frac{1}{5} \sim \frac{1}{4}$
くらいにして
こきざみに振り
ながら熱する

アルコールランプ

メスシリンダーの使い方

液面のへこんだ
ところを、
１目盛りの
10分の１まで
読み取る

60

50

40

ろ過の手順

ろ紙

４つに折る

ろうとの形に
開く

ろうとにはめる

１cmぐらい
下げる

水で湿らせる

ガラス棒を
伝わらせて
入れる

ガラス棒の先
はろ紙の折り
重なったとこ
ろにつける

ろうとの足は
ビーカーの壁
につける

化学

木の蒸し焼き

ぼくたんガス出た〜ら

木の蒸し焼き　木炭　木ガス　木タール

もーくさくてたまらん

木酢液(もくさくえき)

学習のポイント！

木の蒸し焼きで発生するもの

① 木ガス……白いけむり（気体）。水素を含んでいる

ため、火をつけると燃える。

② 木酢液…うす黄色の液体。酸性を示す。

③ 木タール…黒っぽいねばりけのある液体。

④ 木炭………最後に残る黒い固体で、炭素からできて

いる。火をつけると炎を出さずに燃える。

木片

木酢液・木タール

木ガス

燃える

試験管の口を下げる理由
木の蒸し焼きによって発生した液体が、試験管の熱せられた部分に流れ込むと試験管が急激に冷やされて割れる恐れがあるから

関連事項を学んでおこう！

ろうそくについても、入試必出なので確認しておこう！

外炎…炎の最も外側にあるため、新しい酸素が常に供給され完全燃焼している。そのため温度が最も高い（約1400度）。

内炎…外炎の内側にあるため新しい酸素があまり供給されず、不完全燃焼している。そのため炭素の粒が残っていてそれが熱せられて明るく輝いている。

炎心…炎の一番内側にあるため、ろうの気体がまだあまり燃えていない。そのためガラス管を差し込むと白いけむり（ろうの気体）が出てきて、気体に火をつけると燃える。

すす（炭素）

火をつけると燃える

水で湿らせた木を炎に差し込む

最も温度の高い「外炎」の部分だけが黒くこげる

鉄の棒を炎に差し込む

すす（炭素の粒）がたくさん残っている「内炎」の部分だけが黒くなる

化学

起きたら（母さん）

オキシドール（過酸化水素水）

兄さんマンガをさがす

二酸化マンガン　酸素発生

学習のポイント！

さん　そ **酸　素**	む しょくとうめい 無色透明でにおいのない気体。空気中に約 20%含まれる。水に溶けにくく、ものが燃え と るのを助けるはたらき（助燃性）がある。 じょねんせい か さん か すい そ すい オキシドール（過酸化水素水）と二酸化マンガ ンを反応させると酸素が発生する。

図で理解しよう！

酸素の発生

オキシドール
（過酸化水素水）

コックつき
ろうと

すいじょうち かんぽう
水上置換法
で集める

ガラス管

に さんか
二酸化マンガン
（反応しても
減らない）

集気ビン

三角フラスコ →

🕮 関連事項を学んでおこう！

二酸化炭素の特徴

・うすい塩酸に石灰石を反応させると発生する。

・石灰石の代わりに貝がらや大理石などが使える。

・冷やすと水によく溶け、炭酸水となる。

・集める時は下方置換法か水上置換法を使う。

・無臭・無色透明で空気の約 1.5 倍の重さ。

・二酸化炭素を凍らせるとドライアイスとなる。

・石灰水(水酸化カルシウム水溶液)に通すと白くにごる。

水酸化カルシウム＋炭酸ガス→炭酸カルシウム

(水に溶けないため
水溶液が白くにごる)

密閉した容器の中で
ものを燃やすと
二酸化炭素が発生し
火が消える

仕切り板

容器の高さが高いほうが
火は早く消える

空気の流れをつくると
火は消えにくくなる

暗記のコツはコレだ！

★**オキシドール**(過酸化水素水)と**二酸化マンガン**を反応させると**酸素**が発生する。

★二酸化マンガンは反応しても**減らない**(触媒という)。

★**酸素**にはものが燃えるのを助けるはたらきがある。

化学

金魚さん
金属と酸（塩酸・硫酸など）

水槽から出る
水素が発生する

学習のポイント！

水　素	無色透明でにおいがない。全ての物質の中で最も軽い。 鉄や亜鉛などの金属に塩酸や硫酸などの酸性の水溶液を反応させると発生する。 水に溶けにくいため、水上置換法を用いて集める。

※金・銀・銅は塩酸には溶けない。

両性金属	アルミニウムのように酸性の水溶液にもアルカリ性の水溶液にも溶ける金属のこと。亜鉛も両性金属で、熱した濃いアルカリ性の水溶液に溶ける。

塩酸	+	アルミニウム	→	水素発生	+	塩化アルミニウム
水酸化ナトリウム水溶液	+	アルミニウム	→	水素発生	+	アルミン酸ナトリウム

関連事項を学んでおこう!

さまざまな気体

アンモニア	塩化アンモニウムと水酸化カルシウムを混ぜて試験管に入れ、熱すると発生する気体。空気より**軽く**水に非常に溶けやすいため、<u>上方置換法</u>で集める。鼻を刺すような<u>刺激臭</u>がある。
ちっ素	無臭・無色透明で空気よりわずかに**軽い**。空気中に約 80%含まれる。非常に安定した気体で化学反応を起こしにくい。これを<u>不活性ガス</u>という。他に不活性ガスとして、電球の中に入っている<u>アルゴン</u>がある。
塩　素	<u>黄緑色</u>で鼻を刺すような<u>刺激臭</u>がある。水に溶けやすく、水溶液は<u>酸性</u>となる。<u>殺菌作用</u>があるので、水道水にも少し<u>加</u>えている。プールの水を殺菌するのにも使われる。<u>漂白剤</u>のはたらきがあり、<u>洗剤</u>にも入っている。
塩化水素	水に非常によく溶け、水溶液は<u>塩酸</u>と呼ばれる。無色で鼻を刺すような<u>刺激臭</u>がある。

暗記のコツはコレだ!

★<u>塩酸</u>とアルミニウムを反応させると<u>水素</u>が発生する。

★アルミニウムと**亜鉛**は、酸性の水溶液にもアルカリ性の水溶液にも溶ける**両性金属**である。

★金・**銀**・銅は、塩酸には溶けない(メダルの色)。

★**塩化水素**が水に溶けたものが**塩酸**である。

★<u>アンモニア</u>は刺激臭があり**空気より軽く、水によく溶ける**。

化学

化　学 | 143

電流を流さない水溶液

正常な朝に

精製水(蒸留水)　アルコール水溶液　砂糖水

電気がつかない

デンプン　電流が流れない(豆電球がつかない)

学習のポイント！

電解質	水溶液にすると電流が流れるようになる物質。食塩や塩化銅・水酸化ナトリウムなどは、固体の時には電流が流れないが水に溶けると電流が流れるようになる。塩酸や硫酸など気体が溶けたものも電流が流れる。アンモニア水や酢酸の水溶液なども微量ではあるが、電流を流す。
非電解質	水溶液にしても電流が流れない物質のこと。精製水(蒸留水)・アルコール水溶液砂糖水・デンプン・石油など。

※水溶液の**濃度**が濃くなればなるほど、また水溶液の**温度**が高くなればなるほど、電流が**よく流れる**。

※**酸性**の水溶液と**アルカリ性**の水溶液は全て**電流が流れる**。中性の水溶液は、**食塩水**のように電流が流れるものと、**砂糖水**のように電流が流れないものとがある。

食塩水 ➡ 電気を通す　　砂糖水 ➡ 電気を通さない

関連事項を学んでおこう!

水の電気分解

　純すいな水はほとんど電流が流れないので、水酸化ナトリウムを水に溶かして、右のような装置を使って電気分解をおこなう。

　すると、＋極側に酸素が、－極側に水素が発生する。このときの酸素と水素の体積の割合は

　　　酸素：水素＝ 1 : 2 　となる。

暗記のコツはコレだ!

★水に溶けると電流が流れる物質を電解質という。

★酸性の水溶液やアルカリ性の水溶液は電流が流れる。

★水に溶けても電流が流れない物質を非電解質という。

★塩酸・水酸化ナトリウム水溶液はよく電流が流れる。

★アンモニア水・酢酸水溶液はあまり電流が流れない。

★砂糖水・アルコール水溶液・精製水などは電流が流れない。

ビリーが歩いて
BTB溶液とリトマス試験紙はアルカリ性で
青くなる
青く変化する

学習のポイント！

酸性（さんせい）	**青色リトマス紙**を**赤色**に変える水溶液。 なめられるものは**すっぱい味**がする。
中性（ちゅうせい）	**リトマス紙**を変化させない水溶液。
アルカリ性	**赤色リトマス紙**を**青色**に変える水溶液。 なめられるものは**にがい味**がする。

表にまとめよう！

	酸性		中性	アルカリ性		
リトマス試験紙	青→赤		変化ナシ	赤→青		
BTB溶液	黄		緑	青		
フェノールフタレイン液	透明		透明	赤		
ムラサキキャベツ液	赤	ピンク	紫	青	緑	黄

絵の具の**黄色**と**青**を混ぜると**緑**になる。

ムラサキキャベツ液の**アルカリ性**の色変化は、
「**BTB溶液と色の順番が逆**」と覚える。

入試「これだけは！」

いろいろな水溶液

塩　酸	塩化水素という気体が水に溶けた酸性の水溶液。石灰石と反応して二酸化炭素を発生させる。金属とも反応して水素を発生させる。
炭酸水	二酸化炭素が水に溶けたもの。弱酸性を示す。石灰水と混ぜると白くにごる。
お　酢	酢酸という液体が溶けている。すっぱいにおいがする酸性の水溶液。
過酸化水素水（オキシドール）	過酸化水素という液体が水に溶けた水溶液で、弱酸性を示す。二酸化マンガンと反応して酸素を発生させる。
食塩水	食塩が溶けている中性の水溶液。
アルコール水溶液	アルコール（液体）が溶けている中性の水溶液。
砂糖水	砂糖が溶けている中性の水溶液。電気を通さない（非電解質）。
水酸化ナトリウム水溶液	水酸化ナトリウムという白い固体が溶けているアルカリ性の水溶液。アルミニウムと反応して水素を発生する。
アンモニア水	アンモニアという気体が溶けているアルカリ性の水溶液。鼻を刺す刺激臭がある。
石灰水	消石灰（水酸化カルシウム）という白い固体が溶けているアルカリ性の水溶液。二酸化炭素と反応して白くにごる。
重そう水	炭酸水素ナトリウム（重そう）という白い固体が水に溶けた弱アルカリ性の水溶液。ベーキングパウダーなどの食品添加物や農薬などとして幅広く使用されている。

化学

中和反応

さんぽ途中でオレ曲がる?

中和反応のグラフで折れ曲がっている部分は

完全に電柱がポイントね

完全中和のポイント

学習のポイント！

中和のグラフは２パターン

図１

塩酸の量が一定

水酸化ナトリウムの重さ

完全中和

固体の重さ〔g〕

0 加えた水酸化ナトリウム水溶液〔g〕

食塩の重さ

図２

水酸化ナトリウム水溶液の量が一定

水酸化ナトリウムの重さ

完全中和

固体の重さ〔g〕

食塩の重さ

0 加えた塩酸〔g〕

中和反応の分子モデル図

塩酸　＋　水酸化ナトリウム水溶液　⟶　塩化ナトリウム（食塩）　＋　水

中和反応では「完全中和のポイント」を読み取る。

図１では完全中和後に残る物質は、食塩と水酸化ナトリウムの２種類。

図２では完全中和後に残る物質は、食塩のみ。

塩酸20cm³に水酸化ナトリウム水溶液を混ぜていき、水分を蒸発させてあとに残った固体の重さを調べると、次のようなグラフとなった。

①塩酸20cm³と過不足なく反応する水酸化ナトリウム水溶液の量は何cm³か。

　→「**完全中和のポイント**」を読み取り10cm³

②塩酸20cm³と水酸化ナトリウム水溶液20cm³を混ぜたのち水を蒸発させると後に何が何gずつ残るか。

　→ **学習のポイント!**　グラフから考えて
　　食塩が4.0g、水酸化ナトリウムの固体が2.8g

③塩酸80cm³と水酸化ナトリウム水溶液100cm³を混ぜたのち水を蒸発させると後に何が何gずつ残るか。
　→まず完全中和を考える。塩酸80cm³と完全中和する
　　水酸化ナトリウム水溶液は40cm³なので、このときできる
　　食塩は4.0 × 4 ＝16.0g
　　中和のあと水酸化ナトリウム水溶液は60cm³
　　残るので、水を蒸発させると2.8g × 6 ＝16.8gの
　　水酸化ナトリウムの固体が残る。
　　よって食塩が16.0g、水酸化ナトリウムの固体が16.8g

化
学

溶解度と飽和水溶液

恩をあげると時計も増える

水温を上げると溶ける量も増える

妖怪にはひょうたんでバイバイ

溶解度の問題は表を使って数値を倍々にして解く

学習のポイント！

飽和水溶液	これ以上溶けないという**限度まで**物質を水に**溶かした**水溶液のこと。
溶解度	一定量の水に溶かすことのできる物質の**最大量**のこと。**温度により変化**する。
ろ過	水溶液中に溶けきれなくなり出てきた物質（結晶）を取り出す方法。**ろ紙**を使う。
再結晶	物質は水の温度を上げると溶ける量も増える。逆に水の温度を下げると溶ける量が減るので、**溶けきれなくなり**結晶化した物質を取り出すことができる。これを**再結晶**という。

15g－5g＝10g
結晶となって
出てくる（再結晶）

60℃で
溶ける量

20℃で
溶ける量

冷やす

水100cm³に溶けるホウ酸の量〔g〕

水の温度〔℃〕

計算問題に強くなろう！

　次の表は、水100gに溶かすことのできる物質の量を
表している。

水の温度〔℃〕	0	10	20	30	40	50	60	70	80	90	100
ホウ酸の量〔g〕	2.8	3.5	5.0	6.7	9.0	11.6	15.0	18.8	23.5	29.6	38.0
食塩の量〔g〕	35.6	35.7	35.8	36.0	36.3	36.7	37.1	37.5	38.0	38.6	39.3

①60℃の湯100gにホウ酸を溶けるだけ溶かし、温度を
　20℃に下げると、何gのホウ酸が再結晶化するか。

　→15.0g－5.0g＝<u>10.0g</u>

②80℃の湯100gに食塩を30.0g溶かした。この水溶液
　にはあと何gの食塩を溶かすことができるか。

　→38.0g－30.0g＝<u>8.0g</u>

③20℃の水300gにホウ酸を27.0g溶かしたところ溶け
　残りが出た。水温を何℃以上にすれば全部溶けるか。

　→<u>表の数値を3倍</u>して考える。<u>40℃以上</u>

④80℃の湯300gに食塩を溶かせるだけ溶かし、温度を
　30℃に下げると、何gの食塩が再結晶化するか。

　→　（38.0g－36.0g）<u>×3</u>＝<u>6.0g</u>

　　※水量が<u>2倍・3倍</u>になると溶ける量も<u>2倍・3倍</u>になる

図で理解しよう！

様々な物質の結晶

食塩	ミョウバン	ホウ酸	硝酸カリウム	硫酸銅
立方体に近い形	正八面体に近い形	六角柱に近い形	棒状の結晶	平行四辺形

化学

すいようえき
水溶液のこさ

のう えん
農園見まわる

食塩水の濃度計算は

全体100人

食塩の重さ÷食塩水全体の重さ×100

学習のポイント！

のうど
濃度（％）＝物質の重さ（g）÷水溶液全体の重さ（g）×100

水溶液の重さは水だけの重さに溶かす物質の重さを
加えたものを指す。

水だけの重さ ＋ 食塩の重さ → 食塩の水溶液

計算問題に強くなろう！

①水80gに食塩を20g加えると何％の食塩水となるか。

　→20g÷（80g＋20g）×100＝<u>20％</u>

②20％の食塩水200gに4％の食塩水300gを混ぜると
　何％の食塩水となるか。

　→20％の食塩水200g中の食塩は200×0.2＝40g

　　4％の食塩水300g中の食塩は300×0.04＝12g

　（40g＋12g）÷（200g＋300g）×100＝<u>10.4％</u>
　　食塩の総量　　　　食塩水の総量

温水かけあう

上昇温度(℃)と水量(g)をかけると

カロリーナ

熱量(カロリー)が出る

学習のポイント！

熱量計算

水量(g) × 上昇温度(℃) ＝ 熱量(カロリー)

例：200gの水をあたため、50℃を80℃にする。

→200g × 30℃ ＝ 6000カロリー

計算問題に強くなろう！

80℃のお湯が150g入ったビーカーBの中に、20℃の水が50g入ったビーカーAを入れる。

図1

A：50g 20℃

B：150g 80℃

図2

水の温度(℃)

80 B

65

20 A

時間

Aが受け取った熱量＝ 50g × 45℃ ＝2250カロリー

Bが失った熱量＝150g × 15℃ ＝2250カロリー

※Aが受け取った熱量とBが失った熱量は同じ。

化学

豆に感電！平熱でも

豆電球や乾電池を並列にしても

豆の赤ちゃん変わらない

豆電球の明るさは変わらない

学習のポイント！

直列つなぎ（ちょくれつ）	電流の通る道すじが、枝分かれせず1つの輪になるようにつなぐつなぎ方。 乾電池（かんでんち）を直列に2個・3個……とつなぐと電流の強さが2倍・3倍……となり、豆電球は**明るく**なっていく。このとき乾電池の減り方は1個のときとあまり変わらない。 **豆電球を直列**に2個・3個……とつなぐと電流の強さが$\frac{1}{2}$倍・$\frac{1}{3}$倍……となり、豆電球は**暗く**なっていく。このとき乾電池の減り方は1個のときとあまり変わらない。
並列つなぎ（へいれつ）	電流の通る道すじが、枝分かれするようにつなぐつなぎ方。 **乾電池を並列**に2個・3個……とつないでも豆電球の明るさは**変わらない**。乾電池は長持ちする。 また**豆電球を並列**に2個・3個……とつないでも、豆電球の明るさは変わらない。このとき乾電池の減り方は速くなる。

　右の図のような豆電球1個・乾電池1個の
回路を基本形として、流れる電流の強さを①
とする。

　すると、以下のようなつなぎ方での豆電球
に流れる電流の強さは次のようになる。

乾電池の直列
②→
←①＋①

豆電球の直列
$\frac{1}{2}$
←$\frac{1}{2}$

乾電池の並列
①→
←$\frac{1}{2}$

豆電球の並列
①→
①→
←②

乾電池の直列
豆電球の直列
①→
①
←$\frac{1}{2}$＋$\frac{1}{2}$

乾電池の並列
豆電球の直列
$\frac{1}{2}$→
$\frac{1}{2}$
←$\frac{1}{4}$

乾電池の直列
豆電球の並列
②→
②→
④
←②＋②

乾電池の並列
豆電球の並列
①→
①→
①
←①

　電流計は**直列**につなぎ、**5Aの端子**から使
用する。これは電流計に大きな電流が流れる
と、**電流計がこわれることがあるから**である。

　1A（アンペア）＝**1000**mA（ミリアンペア）

－端子
500mA
50mA
5A
＋端子
目盛り板
指針

物理

物　　理 | 155

右手で握って

右手で電流の向きに指を合わせて握った時に

親はエヌ（N）

親指が向いた方がN極

学習のポイント！

磁界	磁石の周囲には**磁力**が発生し、磁力のはたらく空間を**磁界**という。
磁力線	方位磁針のN極が指す向きを**磁力の向き**とすると、磁力は磁石のN極から出てS極に向かう。この曲線を**磁力線**という。
コイル	円筒形のものに導線を何回も巻きつけたものを**コイル**という。
電磁石	コイルに電流を流すと磁石のはたらきをするようになる。これを**電磁石**という。このときのN極は、電流の向きに合わせてコイルを握ったときの親指の指す方向となる。

156

電流と磁界の関係は「右手握り」で覚えるとよい。

電流のまわりの磁力線の向き　　**コイルがつくる磁力線の向き**

導線の上下に置いた方位磁針の振れる向き

　導線の上や下に方位磁針を置くと方位磁針が左右に振れる。

　方位磁針の振れる向きは、右手を開いて手のひらと方位磁針で導線をはさむようにして置いた親指の向きになる。

長・てい・水

電熱線の長さや抵抗値、あたためる水の量と

上昇温度は反比例

水の上昇温度は反比例の関係になる

学習のポイント！

- **電流量**と水の上昇温度→**比例**する
- 電熱線の**太さ**と水の上昇温度→**比例**する
- あたためた**時間**と水の上昇温度→**比例**する
- 電熱線の**長さ**と水の上昇温度→**反比例**する
- **抵抗**の大きさと水の上昇温度→**反比例**する

計算問題に強くなろう！

図１の電熱線で水をあたため、温度が６℃上昇したとき

図1　　　　図2　　　　図3　　　　図4　　　　図5

ア　長さ５cm　太さ２mm²　　イ　長さ10cm　太さ２mm²　　ウ　長さ５cm　太さ６mm²

図2 $= 6℃ \times \dfrac{1}{2} = 3℃$上昇

図3 $= 6℃ \times \dfrac{1}{3} = 2℃$上昇

図4 $= 6℃ + 6℃ \times \dfrac{1}{2} = 9℃$上昇

図5 $= 6℃ + 6℃ \times 3 = 24℃$上昇

※時間２倍なら上昇温度×２　　　水量２倍なら上昇温度×$\dfrac{1}{2}$

発光ダイオードと様々なエネルギー

LEDは

発光ダイオード(LED)には+極と－極があるので

矢印の向き!(イメージ)

記号の矢印のイメージで回路につなぐ

学習のポイント！

・発光ダイオードには＋極と－極がある。そのため＋極
　同士をつながないと発光ダイオードは光らない。
・発光ダイオードは豆電球に比べて小電力で光らせる
　ことができ、熱もあまり発生させない。

＋極 －極　（＋極）　（－極）

矢印のイメージで
電流を流す

関連事項を学んでおこう！

火力発電のしくみ

蒸気　タービン
発電機
復水器
水
ボイラー

水力発電のしくみ

ダム　発電機　送電線
取水口
放水路
水圧管　水車

物理

物　理 | 159

海の底には

光が水中に入る時や出る時は

まものがひそむ (イメージ)

海底の魔物に引き寄せられるように屈折する

学習のポイント！

光の屈折	光は同じ物質の中や真空中では**直進する**性質があるが、違う物質の中に入る時は、その**境目で折れ曲がって進む**。ただし、違う物質に**垂直**に入る場合は屈折せずに**直進**する。

入試「これだけは！」

空気と水の境目での光の屈折

　空気と水の境目では、海の底にすむ魔物に光が引き寄せられるイメージで覚えるとよい。

入試「これだけは！」

垂直に入る光は__直進__する

ガラスと空気の境目

ガラスと空気の境目でも水面での屈折と同じように屈折する。

右図の場合、あ＝ⓘ なので、AB と CD は__平行__になる。

関連事項を学んでおこう！

プリズムによる光の分散（ぶんさん）

ガラスでできた三角柱（プリズム）に日光を当てると__7__色に分かれて出てくる。これはそれぞれの色の光が屈折する時の屈折率（くっせつりつ）が違うために起こる現象である。

プリズム

日光

赤色の光

紫色（むらさき）の光

雨上がりに見られる虹（にじ）もこれと同じ原理で起こる。

上から「せき・とう・おう・りょく・せい・らん・し」
（__赤__・橙（とう）（だいだい色）・黄・緑・青・藍（らん）（あい色）・__紫__）と覚える。

太陽光線

太陽光線

42度

虹（にじ）は太陽とは__反対方向__に見える

物理

凸レンズと像

塾へ行こうと商店通り

軸に平行な光は凸レンズによって屈折して焦点を通る

中心街を直進す

レンズの中心を通る光はそのまま直進する

学習のポイント！

凸レンズ	レンズの中心部分が周りよりも厚くなっているレンズ。**光を集める性質**がある。**虫眼鏡**や**ルーペ**などに用いられる。
焦点	凸レンズによって**光が1点に集まる点**のこと。レンズから焦点までの距離を「**焦点距離**」という。

図で理解しよう！

豆電球　焦点　焦点　凸レンズの軸
焦点距離の2倍よりも外側におく　焦点距離の2倍のところと焦点の間に集まる

焦点距離の2倍のところにおく　焦点距離の2倍のところに集まる

焦点距離の2倍のところと焦点の間におく　焦点距離の2倍より外側に集まる

焦点　焦点におく　軸に平行になる

焦点の内側におく　広がる

入試「これだけは！」

凸レンズによる像のでき方

① 物体が焦点距離の2倍より遠くにある場合

軸に平行に出た光は焦点を通る

A

倒立の実像
（実物より小さい）

B F F′ B′

A′

レンズの中心を通る
光は直進する

② 物体がちょうど焦点距離の2倍のところにある場合

倒立の実像
（実物と同じ大きさ）

A

B F F′ B′

A′

焦点距離の2倍　　焦点　　　　　　　　　　焦点距離
の2倍

③ 物体が焦点距離の2倍のところと焦点の間にある場合

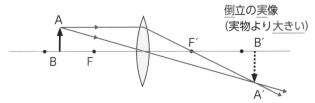

倒立の実像
（実物より大きい）

A

B F F′ B′

A′

④ 物体が焦点の内側にある場合

正立の虚像
（スクリーンには
映らない像）
（実物より大きい）

A′

A

B′ F B F′

こちらから見る
（ルーペなど）

物　理　| 163

音の性質

最短距離で
げんが細い　げんが短い　げんを強く張る

高い音
高い音が出る

学習のポイント！

モノコード	箱の上に一本のげんを張り、げんの張り方や細さや長さを変えて、出る音の高低を調べる装置。その時のげんと音の関係は、以下の表のようになる。

	げんの太さ	げんの長さ	げんの張り方
高い音	<u>細い</u>	<u>短い</u>	<u>強い</u>
低い音	太い	長い	弱い

オシロスコープ	音の高低や大小を波形で表す装置。

長い　短い　山が多い　山が少ない

大きい音　小さい音　高い音　低い音

水の入った試験管を吹く場合

空気が振動する

空気が
多い

水量が
少ない

空気が
少ない

水量が
多い

低い音 ←→ 高い音

水の入ったコップをたたく場合

コップ全体が振動する

空気が
多い

水量が
少ない

空気が
少ない

水量が
多い

高い音 ←→ 低い音

真空中での音の伝わり方

・実験手順
① 丸底フラスコに少量の水を入れ、鈴をつけた栓をして水を沸騰させる。
② しばらく湯気を出し火を消した後、ゴム管をピンチコックで留める。
③ フラスコが十分冷えてからフラスコを振って鈴の音が聞こえるかどうか確かめる。

・結果…鈴の音は聞こえない。
　→真空中では音は伝わらない。

ゴム管　湯気

鈴

水の量
を少量
にする

物理

包帯巻いたよ
放射　対流

伝道師
伝導

学習のポイント！

放射（ほうしゃ）	赤外線（せきがいせん）により、物体を直接熱する。これを<u>放射</u>という。
対流（たいりゅう）	あたためられた空気や液体が軽くなり上に上がり、ぐるぐると回りながら全体をあたためることを**対流**という。
伝導（でんどう）	熱が金属（きんぞく）などの物体を伝わることを**伝導**という。金属では<u>銀（ぎん）>銅（どう）>アルミ>鉄（てつ）</u>の順に熱が伝わりやすい。

最初にフラスコの水中に現れる泡（あわ）は水に溶（と）けていた<u>空気</u>

<u>湯気</u>（すいてき）
（小さな水滴）

水蒸気（すいじょうき）
（見えない）
水蒸気の泡

力のつりあいとばね

ばねは伸び伸び正比例

ばねの伸びはおもりの重さに正比例する

自然は大切忘れずに!

全体の長さを出すときは自然長を足すのを忘れない

学習のポイント!

ばねの伸び

ばねの伸びは
おもりの重さに
比例する

ばね全体の長さは
元の長さ＋伸び

図で理解しよう!

いろいろなつなぎ方とばねにはたらく力

太さが一様で重さのないてこのつりあい

大盛かけそば

おもりの重さ×支点からの距離

もう、めんどい!

モーメント(棒を回転させる力)

学習のポイント!

- てこを回転させる力を「モーメント」という。
- モーメント=支点からの距離×おもりの重さ
- 棒がつりあっている場合、時計回りのモーメントと
  反時計回りのモーメントの数値の合計は同じになる。
- このときのばねばかりの示す値は、つり下がっている
  おもりの重さの合計となる。

図で理解しよう!

棒に重さがない場合のてこのつりあい

反時計回りのモーメント
6cm×120g=720

ばねばかりの示す値は
120g+48g=168g

時計回りのモーメント
15cm×48g=720

6cm 15cm

120g 48g

つりあっているとき数値は同じ

さまざまなてこのつりあい

ばねばかりの示す値を求めなさい。ただし棒に重さはないものとする。

図1では支点が端にあるので、反時計回りのモーメントは

4 cm × 100g + <u>12cm</u> × 50g = 1000

支点からの距離に注意

時計回りのモーメントは

20cm × □ g = 1000　→　□ g = 1000 ÷ 20cm = ^A<u>50g</u>

図2では支点がないので<u>どちらかのばねばかりの下に支点を置いて</u>考える。Cの下に支点を置いて考えると

反時計回りのモーメントは　18cm × 240g = 4320

時計回りのモーメントは

□ g × 24cm = 4320　→　□ g = 4320 ÷ 24cm = ^B<u>180g</u>

ばねばかり C = 240g − 180g = ^C<u>60g</u>

逆比を使って解くこともできる。

6 cm : 18cm = 1 : 3　→重さの比B：C = 3 : 1　（逆比）

240gを3 : 1に比例配分して<u>B = 180g</u>、<u>C = 60g</u>

物理

いちょうの芽

棒の太さが一様でないてこでは

出ないと坊さんメシかきこむ

最初に棒の重さを書き込んで解く

学習のポイント！

重さ80g、長さ100cmの太さが一様でない棒があります。

これを以下のようにつるすと、ばねばかりはそれぞれ何gを示しますか？

図1　　　　　　　　　　　　図2

Aには棒の重さがすべてかかるので　A＝80g

図2については図1のAの位置が<u>重心</u>となるので、そこに<u>棒の重さを書き入れて考える</u>。

あとは逆比を使って解く。

60cm：40cm＝3：2

重さの比B：C＝2：3（逆比）

$$B＝80g×\frac{2}{2＋3}＝32g$$

$$C＝80g×\frac{3}{2＋3}＝48g$$

ふりこ

集金するのは

ふりこの一往復する時間(周期)は

長さんだけ

ふりこの長さだけで決まり重さや振れ幅は無関係

学習のポイント！

支点

最も高い位置

最も高い位置 ⇒ 位置エネルギー最大

止まる

速くなる。

遅くなる。

最も低い位置

遅くなる。

速くなる。

止まる

最も速い ⇒ 運動エネルギー最大

計算問題に強くなろう！

ふりこの周期は、**ふりこの長さだけ**で決まる。

ふりこの長さ〔cm〕	25	50	75	100	125	150	175	200	225	400
周期〔秒〕	1.0	1.4	1.7	2.0	2.2	2.4	2.6	2.8	3.0	4.0

100cm

くぎ

50cm

同じ高さまで上がる

周期の求め方

【解法1】片側ずつ求める

$(2.0 \div 2) + (1.4 \div 2) = 1.7$秒

【解法2】平均で求める

$(2.0 + 1.4) \div 2 = 1.7$秒

物理

ひものを割ったら

動滑車の問題では

どうかしら?

ついているひもの本数でおもりの重さを割って解く

学習のポイント！

　動滑車の計算方法では、動滑車が落ちていかないように支えているひもに、**均等**に重さがかかるので、**おもりの重さを支えているひもの本数で割る**と、ひもにかかっている重さが出せる。

手で引く力の計算方法

ア = 60g ÷ 3 本 = 20g　　イ = 60g ÷ 4 本 = 15g

ウ = 60g ÷ 5 本 = 12g　　エ = 60g ÷ 4 本 = 15g

滑車の場合

手で引く力の計算方法

⑦ = 60g ÷ 2 本 = 30g　　④ = 60g ÷ 2 本 ÷ 2 本 = 15g

⑨ = 60g ÷ 2 本 ÷ 2 本 ÷ 2 本 = 7.5g

輪軸(りんじく)の場合

てことして考える！

⑦ = 60g × 1 ÷ 2 = 30g　　④ = 60g × 2 ÷ 1 = 120g

<ruby>水風呂<rt>みずぶろ</rt></ruby>入って

水中での浮力は押しのけた水の重さと一致するので

重さは同じ

物体の体積と同じになる

学習のポイント！

圧力($\mathrm{g/cm^2}$) ＝力の大きさ(g)÷力がはたらく面積($\mathrm{cm^2}$)

A を下にした時の圧力 ＝ 60g ÷ 15$\mathrm{cm^2}$ ＝ <u>4</u> $\mathrm{g/cm^2}$

B を下にした時の圧力 ＝ 60g ÷ 10$\mathrm{cm^2}$ ＝ <u>6</u> $\mathrm{g/cm^2}$

C を下にした時の圧力 ＝ 60g ÷ 6 $\mathrm{cm^2}$ ＝ <u>10</u> $\mathrm{g/cm^2}$

浮力(g) ＝ 1 g ×物体の水中部分の体積($\mathrm{cm^3}$)

図1のときに物体にかかる浮力 ＝ 1 × <u>800</u>$\mathrm{cm^3}$ ＝ <u>800</u>g

図2のときに物体にかかる浮力 ＝ 1 × <u>600</u>$\mathrm{cm^3}$ ＝ <u>600</u>g

<u>数値が同じ</u>

台ばかりとばねばかりの示す値を求めなさい。

おもりを完全に沈めた時のおもりにかかる浮力 $= \underline{100g}$

図2の台ばかり $= 1000g + 200g + 300g = \underline{1500g}$
（水）（ビーカー）（おもり）

図3の台ばかり $= 1000g + 200g + 300g = \underline{1500g}$
（水）（ビーカー）（おもり）

図4のばねばかり $= 300g - 100g = \underline{200g}$
（おもり）（浮力）

図4の台ばかり $= 1000g + 200g + 100g = \underline{1300g}$
（水）（ビーカー）（浮力）

台ばかりとばねばかりの値の合計は常に一定

図5のばねばかり $= 300g - 50g = \underline{250g}$
（おもり）（浮力）

図5の台ばかり $= 1000g + 200g + 50g = \underline{1250g}$
（水）（ビーカー）（浮力）

図4の台ばかり（別解）$= 1500g - 200g = \underline{1300g}$

図5の台ばかり（別解）$= 1500g - 250g = \underline{1250g}$

図6の台ばかり $= 1500g - 25g = \underline{1475g}$

物理

宮本　毅（みやもと　たけし）

　アテナ進学ゼミ主宰。一橋大学社会学部社会問題政策課程卒業。大学卒業後、首都圏大手進学塾に入社し、小・中学生の最上位クラスの指導にあたる。きめ細やかな指導で多くの塾生を難関校に送り込む。2006年に独立し、東京・吉祥寺に中学受験専門塾「アテナ進学ゼミ」を設立。【子どもたちを、自ら考え行動する人間に育てるためには、知識を組み合わせる応用力を養う必要がある】という信念のもと、科目間の垣根を取り払い、算数・国語・理科・社会の全科目を一人で指導している。

　主な著書に、『改訂第2版　中学受験　ゴロ合わせで覚える社会140』（KADOKAWA）のほか、『はじめての中学受験 これだけは知っておきたい12の常識』（ディスカヴァー・トゥエンティワン）、『合格する子がやっている 忘れない暗記術』（かんき出版）などがある。

かいていだい　はん　ちゅうがくじゅけん
改訂第2版　中学受験
あ　　　　　　おぼ　　　りか
ゴロ合わせで覚える理科100

2024年2月2日　初版発行

著者／宮本　毅
みやもと たけし

出演／小西　克幸
こにし かつゆき

発行者／山下　直久

発行／株式会社KADOKAWA
〒102-8177　東京都千代田区富士見2-13-3
電話　0570-002-301(ナビダイヤル)

印刷所／株式会社加藤文明社印刷所

製本所／株式会社加藤文明社印刷所

©Takeshi Miyamoto 2024　Printed in Japan
ISBN 978-4-04-606668-8　C6040